U0003157

MOON
月亮

VX0064C

Moon 月亮

藝術、科學、文化，從精彩故事與超過 170 幅珍貴影像認識人類唯一登陸的外星球

原文書名　Moon: Art, Science, Culture
作　　者　羅伯特·馬西（Robert Massey）、
　　　　　亞莉珊德拉·羅斯柯（Alexandra Loske）
譯　　者　林潔盈

總 編 輯　王秀婷
責任編輯　廖怡茜
版　　權　張成慧
行銷業務　黃明雪

發 行 人　涂玉雲
出　　版　積木文化
　　　　　104 台北市民生東路二段 141 號 5 樓
　　　　　電話：(02) 2500-7696 ｜傳真：(02) 2500-1953
　　　　　官方部落格：www.cubepress.com.tw
　　　　　讀者服務信箱：service_cube@hmg.com.tw
發　　行　英屬蓋曼群島商家庭傳媒股份有限公司城邦分公司
　　　　　台北市民生東路二段 141 號 11 樓
　　　　　讀者服務專線：(02)25007718-9 ｜ 24 小時傳真專線：(02)25001990-1
　　　　　服務時間：週一至週五 09:30-12:00、13:30-17:00
　　　　　郵撥：19863813 ｜戶名：書虫股份有限公司
　　　　　網站：城邦讀書花園｜網址：www.cite.com.tw
香港發行所　城邦（香港）出版集團有限公司
　　　　　香港灣仔駱克道 193 號東超商業中心 1 樓
　　　　　電話：+852-25086231 ｜傳真：+852-25789337
　　　　　電子信箱：hkcite@biznetvigator.com
馬新發行所　城邦（馬新）出版集團 Cite（M） Sdn Bhd
　　　　　41, Jalan Radin Anum, Bandar Baru Sri Petaling, 57000 Kuala Lumpur, Malaysia.
　　　　　電話：(603) 90578822 ｜傳真：(603) 90576622
　　　　　電子信箱：cite@cite.com.my

國家圖書館出版品預行編目 (CIP) 資料

Moon 月亮：藝術、科學、文化，從精彩故事與超過 170 幅珍貴影像認識人類唯一登陸的外星球／羅伯特·馬西（Robert Massey），亞莉珊德拉·羅斯柯（Alexandra Loske）著；林潔盈譯. -- 初版. -- 臺北市：積木文化出版：家庭傳媒城邦分公司發行, 2020.06
面；　公分
譯自：Moon: art, science, culture.
ISBN 978-986-459-231-9（精裝）

1. 月球 2. 通俗作品

325.6　　109006924

First published in the UK in 2018 by ILEX, a division of Octopus Publishing Group Ltd.
Octopus Publishing Group
Carmelite House, 50 Victoria Embankment, London EC4Y 0DZ

封面設計　張倚禎
內頁排版　薛美惠
製版印刷　中原造像股份有限公司

2020 年 6 月 11 日　初版一刷
售價　NT$880
ISBN　978-986-459-231-9

Printed in Taiwan

羅伯特・馬西 Robert Massey
著／ 亞莉珊德拉・羅斯柯 Alexandra Loske
譯／ 林潔盈

MOON
月亮

藝術、科學、文化，從精彩故事與超過 **170** 幅珍貴影像
認識人類唯一登陸的外星球

目錄

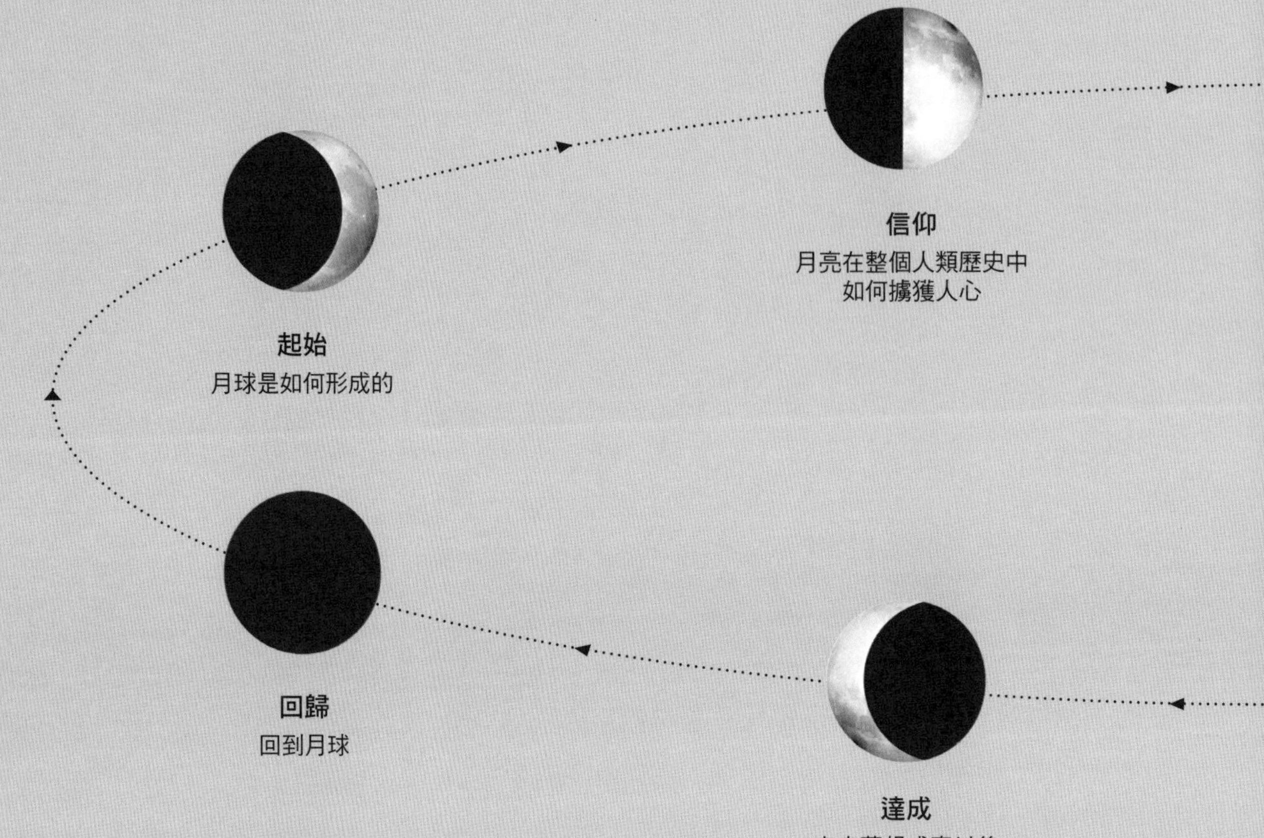

探索

月球觀察簡史

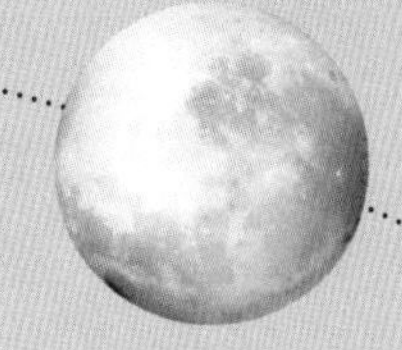

浪漫

月的意象；象徵性與崇高性

抵達

人類的登月幻想史

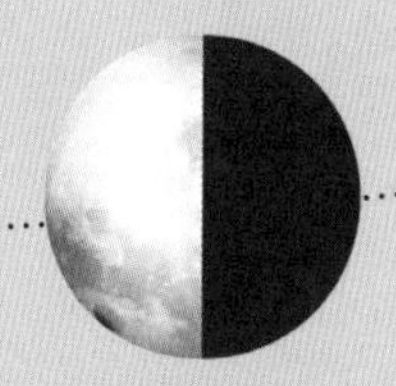

旅行

從太空競賽到阿波羅
時代之後

月亮之書：序言

從地球看向太空，只有太陽和月亮在肉眼看來不只是光點。月亮至今仍是人類唯一造訪過的天體，目前暫時也是人類重返外太空最可能的目的地。月亮非常明亮，足以照亮夜晚的道路，她每天都會改變形狀，更有著動盪的歷史，因此許多天文學家、作家、藝術家與太空人都曾受到我們這位鄰居的光影風景所啟發。

地球與月球有著共同的歷史。在太陽系形成的早期，一個火星大小的物體撞擊了體積較大的地球前身，這個撞擊事件的規模比我們今天看到的任何事件都來得龐大。撞擊讓地球前身脫去了好幾層皮，而殘留的碎屑則合併形成了月球。後來，在一次更大範圍的「大轟炸」中，大塊岩石如雨點般撒落在地球與月球上，不過該事件在地球表面造成的結果，現在早已被侵蝕掉了。相形之下，月球表面沒有厚重的大氣層與天氣變化，幾乎完整保留了早期的紀錄。即使是月球表面最龐大的特徵，也就是滿月時非常明顯的深灰色「月海」，也是因為穿透月球地殼的大規模撞擊，讓熔岩從內部流出而形成。整個月球表面的形貌，滿是隕石高速撞擊遺留下的隕石坑（環形山）。

沒有月亮，地球上的生命可能會非常不同。這個大型的自然衛星有穩定地軸的功能，而受到月球影響的海洋潮汐變化更是對整個生態系非常重要。我們可以說，地球與月球之間的相互作用讓它們成了「雙行星」，這種相互作用造成月球受俘自轉，從地球上永遠只能看到月球的同一面。這種作用也緩緩向月球提供軌道能量，而且月球也以每年約1.5英吋的速度慢慢漂離地球。

地球與月球之間的近距離與親密關係，反映在人類與這位宇宙鄰居的關係之上。人類幾乎是自從出現創作的嘗試起，就開始描繪月亮。舊石器時代原始人在岩石、獸角與獸骨上刻畫的月亮記號表示，月亮是人類最早記錄故事的主題之一。古代的觀察家與早期文明通常尊月為神，甚至授與她高於太陽的至高地位，也替她取了許多不同的名字，賦予不同的個性。矛盾的是，她同時是黑暗與希望的象徵，即使在當代社會，月亮仍然是神話、傳說與迷信的主題，對於她的本質也有許許多多迥異的解讀。就像白日黑夜以及季節的變化一樣，觀察月亮的相位也給了我們一種能夠標記時間流逝的自然方式。新石器時代的遺跡標誌著月升與月落，伊斯蘭教曆（陰曆）中，新月的出現代表每個月的起始。在單筒望遠鏡出現之前，一些最重要的月亮觀察就是來自伊斯蘭世界，這些觀察被用來幫助校準月亮這個不完美的計時器。古代文明可能將陰曆運用在儀式上，藉此在持續變化的季節中引導他們的活動。美國原住民替每個月的滿月起了名字，藉此標記季節的行為，以及該季節的動植物相。

我們對月球的觀察也激發了有關週期性的聯

想。生命、生育能力、季節與潮汐都與月亮有關，這種關聯性有時是具體的，有時是比較具譬喻性的。古時將月亮與命運和有限生命放在一起的聯想，讓月亮成為極其強大且讓人畏懼的天體，而她也一直是黑暗、死亡與相關恐懼的象徵。

儘管人類在迷戀與恐懼之間搖擺，卻也反覆地夢想著要踏足這個魅力十足、讓人嚮往不已的目的地。數世紀以來，我們的文學、電影、藝術與文化中充斥著有關太空旅行的幻想。不過一直到1960年代，這些瘋狂的想像才終於成真。

阿波羅11號於1969年7月16日載著愛德溫·伯茲·艾德林（Edwin "Buzz" Aldrin）、尼爾·阿姆斯壯（Neil Armstrong）與麥可·柯林斯（Michael Collins）等3位太空人發射升空。4天後，在7月20日，尼爾·阿姆斯壯成為第一個登上月球的人。阿姆斯壯與艾德林四處走動了兩個半小時，進行實驗並搜集樣本。人們對於這個成就的期待，以及太空任務的照片與影片，引起了太空主題商品與時效性商品的大量生產，以及新一輪的科幻文學與電影浪潮，甚至帶來太空人風格服飾流行與室內裝潢的新審美觀。西方世界完全沉浸在太空競賽之中，這是一場為月球而戰的政治鬥爭，月球既是未來的避難所，也是權力與所有權的象徵。

在阿波羅11號成功以後，許多人欣然接受了一種新的科學理解與充滿可能性的感覺，不過月球的去神祕化卻是永遠都不會發生的。即使在今天，高掛天空的那個銀盤仍然是我們傳說、神話與夢想的主角。然而，儘管月球的形象、儀式與信仰仍然存在，我們也許能透過反思，獲得一個具有徹悟性的新視角，無論對月亮或對人類而言。

自阿波羅11號與人類第一次登月50年後，各國太空總署再次考慮進行載人的登月任務。日本、中國、印度、俄羅斯與歐洲都渴望能先後以機器人與真人進行探索，利用最近在月球土壤中發現的水冰，幫助供應永久基地所需的水源。月球科學家也在推動以期能完成他們眼中未竟的事業，而那第一個前哨站，可能只是人類進入太陽系旅程的開端。

地球衛星月球（前頁）

攝影／美國國家航空暨太空總署（NASA），
伽利略號探測器（Galileo Spacecraft），1992 年 12 月 7 日

前頁圖上清晰可見的表面陰暗處包括風暴洋（Oceamus Procellarum，最左）、雨海（Mare Imbrium，左中）、澄海與靜海（Mare Serenitatis and Mare Tranquillitatis，中央）。下方清楚可辨的明亮處為第谷環形山（Tycho Crater），其亮度是因為它的年齡相對較輕，大約1億800萬年，而月球上最古老的海洋約有40億年。隨著時間推移，這些醒目的放射狀線條都會逐漸變暗。

阿波羅12號登月艙無畏地降落在月球表面的風暴洋

攝影／美國國家航空暨太空總署，1969 年 11 月 19 日

阿波羅12號登月艙降落的風暴洋，是月球表面面積最大的月海，事實上也是唯一被稱為「洋」的月海。這些月海是古時候隕石撞擊穿透月球地殼所形成，撞出來的盆地最終也都充滿了熔岩。它們看起來像是黑點，因為以玄武岩為主要構成的地形，反射性並不高。

在斷橋下，攝於臺灣茂林
一個人的月亮之旅，2012年

攝影／出自《一個人的月亮》（*Private Moon*）系列（2003年迄今），列昂尼德·蒂斯科夫（Leonid Tishkov）
列昂尼德·蒂斯科夫與陳伯義攝，2012年

俄羅斯藝術家列昂尼德·蒂斯科夫自2003年開始紀錄一個愛上月亮的人的冒險經歷。這個專題讓這位俄羅斯藝術家帶著他的月亮走遍全世界，它探索人類對月球這個天體的普遍興趣，以及月亮在夜晚提供的陪伴。

菲爾德哥倫布博物館（Field Columbian Museum）
的月球模型（下頁）

石膏、木材與金屬／約翰·弗里德里希·朱利葉斯·施密特（Johann Friedrich Julius Schmidt），德國，1898年

天文學家約翰·弗里德里希·朱利葉斯·施密特終生致力於月球研究。他的月球模型以他數十年來仔細繪製的地圖為依據，耗時5年才完成製作。為了紀念他的研究成果，月球上有一座以他的名字來命名的環形山。

女性月亮

女性的月經週期大約是一個月亮盈虧週期的長度，因此月亮長久以來一直與女性、生育能力與可感知的女性特徵聯想在一起，並不讓人意外。數千年來，男女二元性的原則往往被拿來比作太陽與月亮這兩個天空中最突出的物體。然而在不同的文化與年代中，宇宙神祇的性別是可以互換且不具獨占性的。在許多古代文化中，月亮為男性或雙性，後者的性別按月相而定。在人類歷史上，女性月亮的概念是在相對近期才被確立的（大約在鐵器時代，尤其是希臘），至少在西方文化中確實如此。

這種轉變可能比其他東西都更能說明我們對性別角色的認知。太陽與月亮之間相互依存的關係、它們明顯的力量與弱點之間有著相似之處：例如，太陽是巨大的力量來源，也可以是具有毀滅性的，而月亮是一個穩定但多變的力量，是良善的存在。在人們普遍理解月球會反射太陽光之前，一般認為月亮是天空中較不明亮的光，儘管她具有能暫時遮住太陽的能力。後來，月球反射太陽光的現象，很容易就被認為是女性被動的象徵。

意識到月亮對潮汐的影響以後，人類對身體的信仰也因此受到強化，尤其對女性身體而言。在中世紀時期，水是月亮的元素，月亮女神盧娜（Luna）往往被描繪成具有水的屬性，或者具有誇張的女性特徵。相關的迷思也應運而生，例如滿月時出生的嬰兒比其他任何時候都多，或是婦女在滿月時更容易懷孕等。

雖然許許多多書籍與網站都有提供指引，讓人了解如何最大限度地提升月亮與女性生育能力的連結，事實上，女性的月經週期與月球的週期並沒有關聯性。如果女性月經週期與月球週期真的有關係，那麼所有女性的排卵期都會按照月亮相位而同步化，不過實際統計數據證明，這些廣為流傳的迷思都是錯誤的。

歌劇《魔笛》（*The Magic Flute*）第一幕第六景
「夜后宮殿的星空大廳」（下頁）

彩色印刷與手工上色的飛塵蝕刻法版畫／卡爾．弗里德里希．提艾利（Karl Friedrich Thiele）
仿效卡爾．弗里德里希．申克爾（Karl Friedrich Schinkel），約 1847-49 年間創作

在莫札特歌劇《魔笛》中，夜后是主要的反派角色；她陰險狡詐且不誠實，最終敗下陣來。在提艾利的舞臺設計中，夜后腳下的新月也許代表雙重性；時常變化的月亮是不是代表著「女性的」不可預測性呢？

《月神黛安娜》（*Diana*）

銅雕，鍍金／奧古斯都．聖高登（Augustus Saint-Gaudens），1892-93 年間創作，1928 年複製

《月神盧娜》，位於義大利佩魯賈銀行家會館的謁見廳（Sala dell'Udienza）（下頁）

濕壁畫／彼得羅．佩魯吉諾（Pietro Perugino），1496-1500 年

上圖與下頁圖：在希臘羅馬神話中，月（女）神並不只有一個，而是有許多不同的女性神祇來表現月亮的不同層面。黛安娜與盧娜都是羅馬月神：女獵人黛安娜是生育女神，也是新生命的守護者；她在（較古老）希臘神話的對應是阿提米絲（Artemis），兩者有類似的特徵。相對來說，盧娜則比較是月亮的神聖化身，經常被描繪成乘坐戰車穿越天空的形象。

LVNA

太空時代（Space Age）（前頁）

拼貼藝術／出自亞歷山德拉 ・ 米爾（Aleksandra Mir）2009 年創作的《太空時代拼貼藝術》（*The Space Age Collages*）

米爾將宗教崇拜與人類對科學技術的崇敬拿來類比，就如我們對月球所表現出來的迷戀。眼睛上的兩個月亮，意味著聖母同樣也敬畏月球這個天體。

就是這樣（Voilà donc comment）
出自朱爾．凡爾納（Jules Verne）**《環繞月球》**（*Around the Moon*）

木雕版畫／埃米爾—安東萬．白亞（Émile-Antoine Bayard），1870 年

月球的奇觀、前往月球的夢想與月球可能掌握的宇宙祕密，吸引著凡爾納筆下《環繞月球》勇敢的主人翁。白亞在這幅插畫中，將一個散發著微光、描繪細膩的滿月和一名仕女的形象並列。

《新月上的聖母子》
（*Madonna and Child on a Crescent Moon*）（前頁）

木刻／德國，約 1450 ／ 1460 年創作

聖母馬利亞的畫像中經常會出現新月的形象，這也許借鑑於希臘羅馬神話的月神阿提米絲與黛安娜，她們都被認為具有貞潔的特質。

《月亮》

塔羅牌／安東尼奧．齊可尼亞拉（Antonio Cicognara），1490 年

78張塔羅牌的其中一張，源自15世紀的義大利。塔羅牌裡的月亮常被擬人化為女人，就如這張齊可尼亞拉所繪製的作品。

太空人芭比

玩具／美泰兒公司，1965 年

1965年，美泰兒公司抵擋不住太空競賽的刺激，也將芭比送上太空執行任務（肯尼也去了）。她的銀色太空服與當時水星計畫太空人穿的很類似。

《月亮上的女人》（*Frau im Mond*）（下頁）

套色石印版畫海報／阿爾弗雷德．赫爾曼（Alfred Hermann），1929 年

弗里茨．朗（Fritz Lang）以1927年極具開創性的電影作品《大都會》（*Metropolis*）聞名。他早期的科幻電影同樣具有開拓性，其中的多節火箭、最早的「倒數計時到零」與其他特色，至今仍常出現在現代太空旅行之中。

FRAU im MOND
EIN FILM VON
FRITZ LANG
MANUSKRIPT: THEA v. HARBOU

《三個美人魚》（*Drei Meerweiber*）

油畫，畫布／漢斯．托馬（Hans Thoma），1879 年

《湖光映月》（*Lake Reflecting Moonlight*）（下頁）

油畫，畫板／埃米爾．帕拉格（Emil Parrag），1989 年

上圖與下頁：長久以來，人們一直把月亮和水關聯在一起，托馬的《三個美人魚》讓人聯想到代表月盈、月圓與月缺的三相女神，象徵出生、生命與死亡。帕拉格筆下的抽象滿月高掛夜空，映射在漣漪泛泛的水面上，漣漪形成的重複圖樣與月亮的相位相呼應。

《塞勒涅與恩狄米翁》（*Selene and Endymion*）

濕壁畫／古羅馬時期，約公元 1 世紀

在希臘神話中，塞勒涅是月亮的人格化。牧人恩狄米翁是塞勒涅愛慕的對象，他被賜予永恆青春後陷入永眠，如此一來塞勒涅就能永遠欣賞他的青春美貌。塞勒涅為恩狄米翁生了 50 個孩子，被認為反映出每個奧運會之間的陰曆月數。

《牛角間有新月的阿匹斯公牛》（***The Apis Bull with the Crescent Moon between its Horns***）

繪畫／古羅馬時期，出自龐貝城，約公元 40-50 年間

阿匹斯公牛在古埃及神話中具有神聖的地位。據說祂以一束來自天堂的月光為標誌，經常被描繪成牛角間有新月的形象。阿匹斯是力量與生育能力的象徵，與身為生育女神與生產守護者的太陽神哈索爾（Hathor）有關。

古代月神

人類自始以來就對月亮有種迷戀，這意味著我們幾乎在所有古代文化中，都可以找到月亮崇拜的例子。在希臘羅馬文化傳播開來以後，女性月神一直占大多數，至今也滲透到猶太教與基督教文化中。然而，在古老文明中，也不缺少男性月神，例如美索不達米亞文化的月神欣（Sin，或南納〔Nanna〕），或是古埃及文化的托特（Thoth）、孔蘇（Khonsu）或歐西里斯（Osiris）；而在非西方文化中，月神有時仍為男性。

在印度教中，月神昌德拉（Chandra，或蘇摩神〔Soma〕）的名字來自梵文，字面意思就是「月亮」或「光芒」。昌德拉／蘇摩經常被奉為生育之神。宇宙主題普遍存在於印度教，行星都有其代表神祇（包括太陽神與月神在內），也就是所謂的九曜。宇宙現象被詮釋為善與惡之間永恆的權力鬥爭，以及惡魔的作為，例如月食就是因為羅睺（Rahu）吞噬太陽或月亮所導致。暫時失去光明是失序、混亂、以及對諸神、行星與人類造成危險的徵兆。

由於與宇宙之間的關聯，昌德拉與其他月神經常被描繪成駕著由鵝、白馬或羚羊拉著的戰車穿越天空的形象。

諸神駕著由鳥類或其他動物拉的戰車穿過宇宙前往月亮的形象，在宗教脈絡與流行文化中仍然持續存在。在希臘羅馬神話中，塞勒涅或盧娜各自都常被描繪成乘坐空中戰車穿越天空的形象，而在關於幻想登月旅行的文學作品中，由鳥類驅動的飛行器是常見的主題。這種奇異的交通方式可能是受到古代月神與月女神的描述所啟發。

然而，昌德拉同樣也在月球歷史上留下印記。2008年10月，印度將第一艘月球探測器送上太空。這艘探測器繞月球運行了10個月，拍攝了新的高解析度照片。由於昌德拉的關係，他們將這艘探測器命名為「Chandrayaan-1」，中文作月船1號。

西藏的羅睺畫像

繪畫／西藏，創作日期不詳

在印度神話中，羅睺往往以無頭蛇的形式出現，斬首是祂喝下甘露的懲罰（譯注：甘露為印度神話中的長生不老藥），祂的頭也因此長生不老。羅睺為了報復而吞下日月，然而祂沒有身體可以容納日月，因此日月又會重新出現。這就是日食與月食發生的原因。在這張圖中，羅睺被其他稱為九曜的宇宙神祇所環繞。

為俄國詩人亞歷山大．謝爾蓋耶維奇．普希金（Alexander Sergeyvich Pushkin）詩作《青銅騎士》（*The Bronze Horseman*）繪製的插圖（前頁）

水彩，紙／亞歷山大．尼可拉耶維奇．伯努瓦（Alexander Nikolayevich Benois），1905-18 年

在藝術中，月亮的存在往往為了凸顯出夜晚與危險之間的關聯。在這張圖中，月亮照亮了一個極具戲劇性的追逐場景，畫面中有騎士與與奔逃的人，後者被絆倒在鵝卵石街道上。

《太陽與月亮的戰車》（*Chariots of the Sun and Moon*），出自西塞羅（Cicero）的《阿拉托斯》（*Aratus*）

手稿插畫，顏料，羊皮紙／英格蘭，11 世紀

在這張圖中，太陽神與月神分別乘著由馬和牛拉著的戰車。在古代神話中，牛通常與生育能力有關，例如古埃及的阿匹斯公牛，而生育能力同時也被視為是月亮的特徵。

俄羅斯莫斯科的《太空征服者紀念碑》
(*Monument to the Conquerors of Space*)

淺浮雕，石材／法伊迪許—克蘭迪耶夫斯基(A. P. Faidysh-Krandievsky)、柯爾欽(A. N. Kolchin)與巴須(M. O. Barshch)，1964年

這座淺浮雕上的太空「征服者」全都是科學家、工程師與蘇聯太空計畫的雇員。太空時代的蘇聯藝術經常表現出對人民集體努力的讚揚(參考第90-91頁)。

《月神的戰車》(*Chariot of the Moon*)(下頁)

淺浮雕，石材／阿戈斯蒂諾・迪・杜喬(Agostino di Duccio)，15世紀

這件大理石淺浮雕出自文藝復興早期雕塑家阿戈斯蒂諾・迪・杜喬之手，是義大利里米尼馬拉泰斯塔教堂十二宮禮拜堂的裝飾。在這件作品中，神話裡的月神乘坐著一輛由兩匹馬拉著的戰車，手上提著新月。

太陽神阿波羅與月神黛安娜，出自阿拉托斯的《物象》（*Les Phénomènes*）

手稿插畫，顏料，羊皮紙／法國，10世紀

就如第29頁的插圖，太陽神海利歐斯（Helios）控制著由4匹馬拉著的戰車，而月神塞勒涅的戰車則由2頭公牛拉著。

月神昌德拉，出自《夢之書》(*Book of Dreams*)

不透明水彩，金，墨水，紙／印度，1700-25 年

在這張圖中，昌德拉（或蘇摩）乘坐著由羚羊拉著的戰車，祂是印度教的月神，也是九曜之一。昌德拉是水星神部陀（Budha）的父親。

憂鬱的月亮

月亮是我們思想的錨。月亮通常在夜黑了才出來，是失眠者、孤獨流浪者、沉思詩人與熱戀情人的同伴。在詩歌中，就如在藝術中一樣，月亮成了這些精神狀態的有力象徵。這些詩作的語氣通常是憂鬱的，是人在反思自己的生活、目標與處境而產生的深沉悲傷，不過在這裡的月亮扮演著被動的角色：她高掛空中，反映出我們的思想與感情，是一張空白的畫布，也是沉默的傾聽者。湯瑪斯・格雷（Thomas Gray）寫出了最膾炙人口的英文詩〈作於鄉村教堂墓園的輓歌〉（Elegy Written in a Country Churchyard，1750年），其中有一句是「憂鬱的夜梟向月亮訴苦」。格雷對死亡與回憶的沉思，以墓誌銘來作結，寫著：「清愁卻允以青睞。」

每當在有重要科學進展與發現時，自然的巨大性有時相反地會成為特別被凸顯出來的主題。例如在19世紀早期，人類幾乎完成探索地球與繪製地球地圖之際，我們開始了解某些天氣狀況是如何形成的，而且也即將發明出更快速的交通工具。當時常有圖像描繪著小小的人物注視著廣闊地景或地平線，還經常以月亮為焦點，這樣的畫面似乎觸動了文化意識，並蔚為流行。此時，憂鬱往往伴隨著一種平靜的感覺。雖然月亮不停在改變，卻總是可靠的，因此在大變革的時代，我們似乎可以向月亮尋求一種令人欣慰的懷舊感。

愛德華・孟克（Edvard Munch）的作品則表現出一種更深沉的憂鬱，他也使用月亮與月光象徵反思與沉思。孟克把較大的人物單獨或成對地放在月光照射的地景或海景前，有時孤獨會轉化成寂寞，甚至沮喪。《聖克盧之夜》（*Night in St. Cloud*，1890年）這件繪畫作品就強烈表現出這種氛圍。在這幅畫中，我們看到一個半隱身在陰影中的人斜倚在窗前，月光透過窗戶傾瀉而下。場景的深度視角與濃重黑暗，讓藍光凸顯出來，賦予這幅畫一種深刻的沉思氛圍。兩年後，孟克開始了題為《憂鬱》（*Melancholy*）的系列作品，作品中的人物表情沉重，有著類似的沉思姿態，這也讓《聖克盧之夜》這幅畫被視為「憂鬱」系列的先驅。

《聖克盧之夜》（下頁）

油畫，畫布／愛德華・孟克，1890年

畫中人物的內心思想比人物本身更是作品主題，正如作品表現的情緒恰與物質環境相反。輪廓若隱若現的男人凝視著窗外的海洋，深陷沉思之中，整個畫面瀰漫著一股憂鬱感。

E Munch

《水妖與埃吉爾的女兒》（*The Water-Sprite and Ägir's Daughters*）

油畫，畫布／尼爾斯．布洛默（Nils Blommer），1850 年

在挪威神話中，埃吉爾是海洋的巨人，祂是海洋強大力量的人格化。祂和祂同為海神的妻子瀾（Rán），都是水手們崇敬的對象，水手們害怕這對夫婦可能為了報復而奪去他們的船，會向祂們祈求平安航行。埃吉爾和瀾共有9個女兒，她們代表著海浪，名字來自特定海浪的特質，包括赫佛琳（Hefring，高浪）、德蘿文（Dröfn，沫浪）、都法（Dúfa，靜浪）、赫蘿恩（Hronn，捲浪）與烏娜（Unnr，揚浪）等。

《海上月出》（*Moonrise over the Sea*）

油畫，畫布／卡斯巴．大衛．弗里德里希（Caspar David Friedrich），1818 年

在這個寧靜的海景中，背對著觀眾的3個人，在升起的月亮灑落的柔和月光中凝視著寧靜的大海。這些觀察者似乎在沉思，似乎很平靜。這是一幅典型的浪漫主義繪畫，藝術家如弗里德里希，旨在表達情緒、氛圍與人物的感覺，這可以説是對啟蒙時代及當時關注科學與客觀性的一種反動。

Thy shaft flew thrice; and thrice my peace was slain;
And thrice, ere thrice yon moon had fill'd her horn.

Published by Willm. Baynes, Paternoster Row, Septr. 1. 1806. Night 1st. line 212.

月亮與死亡

我們將月亮與許多賦予生命的元素和形象聯想在一起，例如水、女性、生育能力與季節；月亮也可以被視為黑暗中一股令人欣慰的光源。然而，一部分因為月亮在夜間最容易被看到，所以她也聯結著危險、不可預測性和未知。在夜幕的掩護下可以發生很多事情，從非法幽會與較輕微的不正當行為，到竊盜、襲擊甚至謀殺等罪行。

在文學、視覺藝術與電影中，這些場景往往在月光下發生，因為戲劇性場景需要某種照明。在現實生活中，一片漆黑可能更可怕，不過在小說中，卻無法媲美月光帶來的舞臺燈光效果所創造的氛圍，或月亮這種警惕性存在所帶來的視覺戲劇性。

在經典希臘神話中，倪克斯與厄瑞玻斯（分別為夜之神與黑暗之神）是雙胞胎桑納托斯（死神）與許普諾斯（睡神）的父母。往前踏一小步，象徵黑夜的月亮就成了死亡的預兆。在繪畫藝術中，尤其是從浪漫主義以後，月亮的旁邊常常會有其他代表夜晚的事物，例如蝙蝠與貓頭鷹，其中貓頭鷹往往被描繪成暫棲於棺材、墳墓與建築廢墟之上。

自此以後，這種聯想在文學與藝術中反覆出現，後來同樣的情形也在電影與設計中發生。甚至在1989年，同樣的圖像也被用於一個海報宣傳活動，針對當時仍不甚了解的愛滋病毒，向公眾提出危害與致命的警告。在黑色背景下，滿月顯得非常醒目，下方是一隻狀似威嚇的貓頭鷹，從黑暗中猛撲而來。

「你的箭射了三次；我的平靜被殘害了三次；
而三次，那月亮將她的角填滿了三次。」（前頁）

銅版蝕刻／威爾．貝恩斯（Will M. Baynes）出版，1806 年

威廉．貝恩斯這幅關乎死亡的銅版蝕刻，屬於一首18世紀詩作的插圖系列。這首詩出自愛德華．楊（Edward Young）之手，題為《夜思》（*Night Thoughts*），是詩人對生命、死亡與失落的沉思，共有九個部分（或九夜）。貝恩斯的死神看起來正打算要攻擊。一輪新月在預示著惡兆的開雲中清楚可見。用來「收割」靈魂的鐮刀已準備就緒。沙漏象徵著命運與死亡的必然性。

《月亮造成的日食》
（*The Eclipse of the Sun by the Moon*）繪畫習作

炭枝，粉筆，布紋紙／埃利胡．維達（Elihu Vedder），1892 年

一位靜臥的天使張開翅膀，露出身旁的月亮。祂在這麼做的同時，也讓左下角太陽形成日食。這幅插圖來自維達詩集《疑事與餘事》（*Doubt and Other Things*）中名為〈日食〉（The Eclipse）的一首詩，而在詩集的後面有一幅圖描繪盧娜，並伴著這句詩：「我們注視著你，因為那蒼白的光線，往往帶來悲傷的回憶。」

哈耳庇厄（*Harpy*）（下頁）

套色石印版畫／漢斯．托馬，1892 年創作

在希臘羅馬神話中，哈耳庇厄是有鳥身與女人頭的風妖。祂們與冥界有關聯，會偷走受害人，代替祂們接受神的懲罰——祂的名字有「搶劫者」的意思。托馬筆下的這種險惡動物在鬼魂縈繞的天空下警戒著，被一輪蒼白閃亮的滿月照亮。

舞臺劇《男子氣概》（*Manhood*）的海報

套色石印版畫／作者不詳，約 1890 年

月亮為這部舞臺劇的廣告提供了戲劇性的舞臺燈光；蝙蝠、一隻展翅俯衝的貓頭鷹與墓地場景，在在增添了不祥的預感。

《月前的蝙蝠》（*Bat before the Moon*）（下頁）

彩色木雕版畫／美邦（Biho Takashi），約 1905 年創作

蝙蝠是夜行動物，在世界各地的月景中是常見的圖像。

美邦

天文現象「食」中的月亮

日食或月食每年會發生4到7次，發生的時候，太陽、地球與月球幾乎會排成直線。相較於地球繞行太陽的軌道，月球繞行地球的軌道是斜的，因此這三個天體必需在三維空間排列成直線，食才會發生。

當新月移動到太陽與地球之間時，會發生日全食。對於位在月球陰影狹窄軌跡上的人來說，太陽光完全被遮擋，讓大白天變得昏暗，只顯現出距離我們最近的恆星的外層大氣，也就是日冕。在這條軌跡之外，更大的區域會暴露在比較不壯觀的日偏食之下，只有部分太陽會被遮擋。

月全食發生在滿月進入地球陰影的時候。月亮會變暗，不過通常保持可見，顏色從橙色到深紅色不等：雖然地球阻擋了大部分陽光，光譜中的紅光在通過地球大氣層時仍然會產生折射（折射更常見於透鏡，就是光線在穿過玻璃與空氣的表面時會被彎曲的現象）。這樣的結果是一番美麗的景象，一輪紅月高掛天空，看起來幾乎就像是火星突然靠近地球一百倍。

月食與較罕見的日全食不同，當月球穿過地球陰影時，地球上只要是月球位於地平線以上的任何地方，都可以看到月食。因此，無論在任何一個特定地點，月全食都更常見。

月食與日食一樣，在過去常常都被視為不好的預兆。克里斯多福．哥倫布（Christopher Columbus）在1504年春天就曾利用了這一點，當時牙買加阿拉瓦克原住民在緊張情勢加劇以後，拒絕繼續向受困船員提供食物。哥倫布知道月食即將來臨，於是向島民做了預測，警告島民應該與他合作。毫無疑問地，當月亮升起來時，看來就像是個暗紅色的球，這種嚇人的景象足以說服島民，讓他們的禁運行動告一段落。

《超級藍血月亮》（*Super Blue Blood Moon*）（下頁）

攝影／布萊恩．戈夫（Brian Goff），2018年

2018年1月31日，世界上有些地方的民眾目睹了「超級藍血月亮」的罕見事件。這個事件見證了月球與地球異常接近的巧合，月球也因此看起來稍大一點（所以被稱為「超級」月亮；參考第141頁），它是一個月內的第二個滿月（所以稱為「藍月亮」，儘管這實際上是對該術語的錯誤使用；參考第178頁），也是月全食（所以稱為「血月亮」，也就是描述月球變紅的那一刻）。

TOTAL ECLIPSE of the SUN.
Observed July 29, 1878, at Creston, Wyoming Territory

日全食
1878年7月29日於懷俄明領地克雷斯頓觀察
（前頁上圖）

印刷品／E．L．特魯夫洛
（E. L. Trouvelot），1881-82年

日全食
攝於法屬玻里尼西亞塔卡波托環礁
（前頁下圖）

攝影／米洛斯拉夫．德魯克穆勒
（Miloslav Druckmüller），2010年

日全食
內冕，攝於馬紹爾群島埃內韋塔克環礁
（上圖）

攝影／米洛斯拉夫．德魯克穆勒，2009年

圍繞太陽表面的磁場會影響到太陽大氣層裡的帶電粒子，造成「冕流、磁環與羽流」。捷克數學家暨天體攝影師米洛斯拉夫．德魯克穆勒在世界各地追蹤日食，攝影作品漂亮地展現了這些效果，而E．L．特魯夫洛在19世紀繪製的圖像，若採納的是非寫實風格，看來與德魯克穆勒用最先進攝影設備的拍攝成果極為類似。

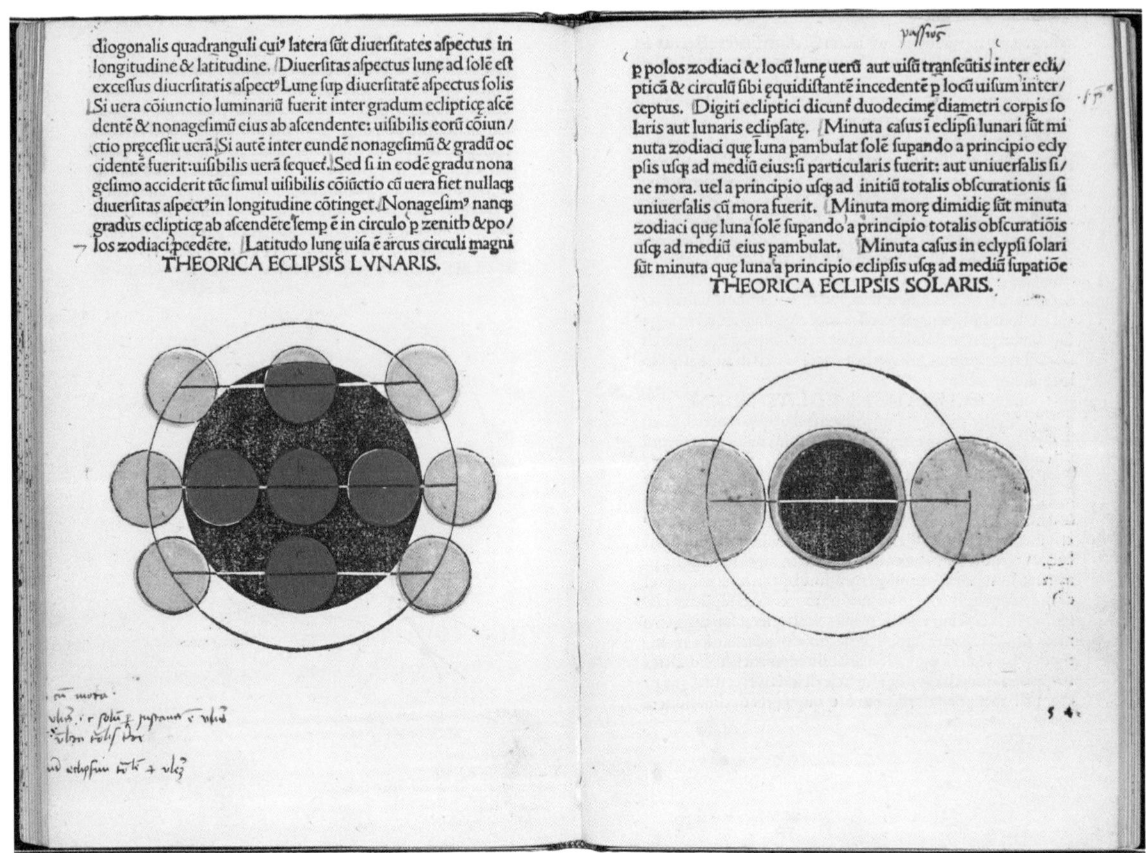

diogonalis quadranguli cui⁹ latera sũt diuersitates aspectus in longitudine & latitudine. Diuersitas aspectus lunę ad solẽ est excessus diuersitatis aspect⁹ Lunę sup diuersitatẽ aspectus solis Si uera cõiunctio luminariũ fuerit inter gradum eclipticę ascẽdentẽ & nonagesimũ eius ab ascendente: uisibilis eorũ cõiunctio precessit uerã. Si autẽ inter eundẽ nonagesimũ & gradũ occidentẽ fuerit: uisibilis uerã sequet. Sed si in eodẽ gradu nonagesimo acciderit tũc simul uisibilis cõiũctio cũ uera fiet nullaq; diuersitas aspect⁹ in longitudine cõtinget. Nonagesim⁹ nanq; gradus eclipticę ab ascendẽte semp ẽ in circulo p zenith & polos zodiaci pcedẽte. Latitudo lunę uisa ẽ arcus circuli magni

THEORICA ECLIPSIS LVNARIS.

p polos zodiaci & locũ lunę uerũ aut uisũ transeũtis inter eclipticã & circulũ sibi ęquidistantẽ incedentẽ p locũ uisum interceptus. Digiti ecliptici dicunt duodecimę diametri corpis solaris aut lunaris eclipsatę. Minuta casus i eclipsi lunari sũt minuta zodiaci quę luna pambulat solẽ supando a principio eclypsis usq; ad mediũ eius: si particularis fuerit: aut uniuersalis sine mora. uel a principio usq; ad initiũ totalis obscurationis si uniuersalis cũ mora fuerit. Minuta morę dimidię sũt minuta zodiaci quę luna solẽ supando a principio totalis obscuratiõis usq; ad mediũ eius pambulat. Minuta casus in eclypsi solari sũt minuta quę luna a principio eclipsis usq; ad mediũ supatiõe

THEORICA ECLIPSIS SOLARIS.

54

「理論月食圖」與「理論日食圖」出自約翰尼斯·德·薩克羅博斯科（Johannes de Sacrobosco）的《世界天體》（*Sphaera Mundi*）

彩色木刻版畫／喬治·范·派爾巴赫（George von Peuerbach），1485 年

人類自古以來就一直在繪製天體圖。上圖為15世紀的一本學術著作，書中介紹了幾位天文學家的研究，其中包括10頁根據德國天文學家約翰·雷吉奧蒙塔努斯（Johann Regiomontanus）的研究所繪製的日食圖，以及13世紀天文學家約翰尼斯·德·薩克羅博斯科一篇以天體為題的論文。這是第一本在插圖上使用三色印刷（紅色、黃色、黑色）的書籍。

月食與日食（下頁）

手稿插畫／俄羅斯，18 世紀

這幅18世紀的俄羅斯插畫表現的是聖經裡日食的概念。我們很難判斷圖中描繪的是什麼狀況，不過因為這幅插圖出自一本名為《啟示錄》（*Apocalypse*）的手稿，應該也不會是什麼好事。

月亮X：畫月亮

自19世紀下半葉開始，攝影與目前相當先進的數位成像取代了製作月球素描與插畫的需求。儘管如此，許多業餘天文愛好者仍然延續著這個傳統。

這張圖像出自英國天文學家暨藝術家莎莉・拉塞爾（Sally Russel）之手，描繪的是「月亮X」的現象，這是指一個在每個月第一季度（新月後7天）會出現幾個小時的特徵。當太陽從月球高地的比安基奴斯（Blanchinus）、拉卡耶（La Caille）與普爾巴赫（Purbach）三座環形山的邊緣升起時，被照亮的邊緣短暫結合在一起，形成字母「X」。一旦太陽高掛月球上空，這個現象就會消失，更多環形山變得清晰可見。

拉塞爾和她的同儕會觀看最精細的月球數位圖像，描述月球景觀的對比以及親眼看到月球景觀的興奮之情，然後動手記錄下來。在繪製這幅2014年的素描時，她採用高品質的中等尺寸天文望遠鏡，以170倍的放大倍率觀察這副景象。她就像其他現代天文藝術家，會花時間捕捉微小特徵細節，也會進行較大規模的創作，例如繪製整個新月。

過去的天文學家會鉅細靡遺地繪製素描紀錄觀察細節，如此一來後繼的月球地理學家就能以他們的觀察為基礎繼續研究。繪製像月球這樣的物體通常需要好幾年、甚至幾十年的時間，製圖時得用網格與定位點將不同的素描拼接起來。早期觀察者與他們在現代的同行一樣，致力挑戰手中天文望遠鏡的極限。光線從月球傳播到地球的40萬公里之間，幾乎沒有受到干擾。當光線抵達地球大氣層的較低層時，它的路徑會被氣流改變，從而在望遠鏡中產生閃爍的圖像。任何以望遠鏡觀察月球的人都會看到這樣的結果：山脈、環形山與平原的細節不斷地移動、出現和消失。手繪地圖所呈現的，是繪圖者煞費苦心仔細紀錄這些細節特徵的位置與形狀。

柏林天文學家威廉・比爾（Wilhelm Beer）與約翰・馬德勒（Johann Mädler，1836年），以及約翰・施密特（Johann Schmidt，1878年）等人精心製作的作品，代表著月球地理學的巔峰時期。雖然月球科學家瑪麗・布拉格（Mary Blagg）後來發現施密特的地圖有一些錯誤，但是施密特的地圖確實相當完整，記錄了將近33,000座環形山，並利用月球陰影計算出3,000多座山的高度。

現在情況不同了。由於電子感測器有了革命性的進展，即使是業餘天文學家，也能精確地取得月球表面的圖像，因此繪製月球表面的需求已不復存在。因此，當代天文藝術家的著眼點也與過去的製圖者有所不同，不過他們的作品持續捕捉著人類對月球的看法，以及壯麗景觀中引人注目的細微特徵。

月亮X（下頁）

粉彩，黑紙／莎莉・拉塞爾，2014年

月亮X是這幅素描的主題，它只有在深黑與亮白的強烈對比下才可見。這是太陽慢慢升起、更充分地照亮月球表面時短暫形成的現象。

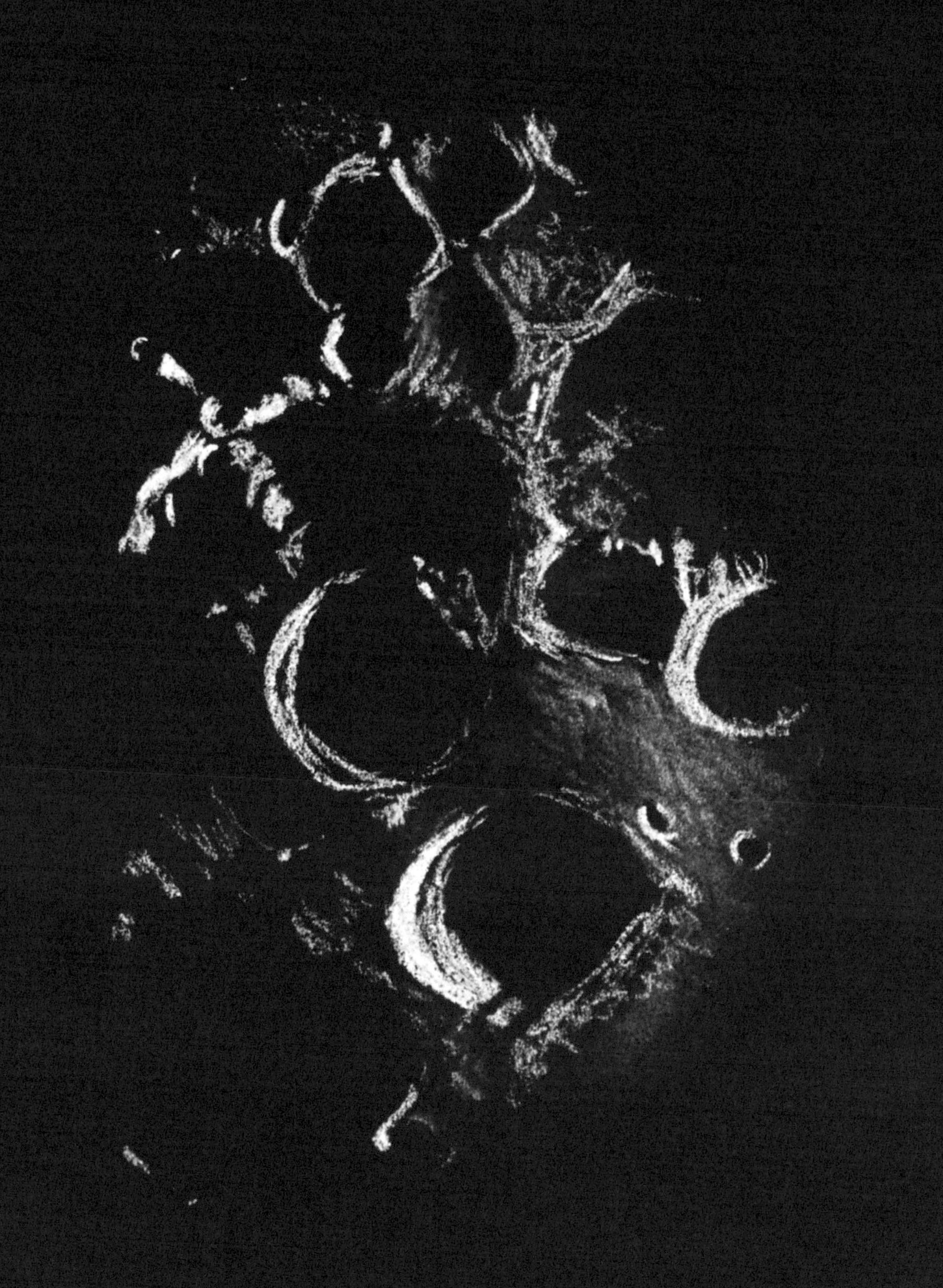

〈我想要！我想要！〉出自《給兩性：天堂之門》
（*For the Sexes: the Gates of Paradise*）

雕版畫／威廉．布萊克（William Blake），1793 年

在威廉．布萊克的兒童詩集中，一個孤獨的人打算藉由一座巨大的梯子爬上月球。這幅小圖（5*6.4 公分）讓人想要更仔細地觀察：小小的孤獨旅行者向上方凝視時，旁邊有兩個人緊緊依偎在一起，驚惶不安地看著。攀登者的雄心壯志是個愚蠢的想法嗎？

〈夢遊者〉出自《閔希豪森男爵歷險記》
(*Aventures et Mésaventures du Baron de Münchhausen*)

套色石印版畫／阿道夫．阿方瑟．格里—比查德(Adolphe Alphonse Géry-Bichard)

在20世紀之交以前，太空旅行往往以一種更奇特、低技術層次的形式進行。在這張圖中，主人翁爬上巨大的豆莖抵達月球，就如童話故事《傑克與豌豆》的主角傑克。

登月第一人

當尼爾·阿姆斯壯與伯茲·艾德林走在月球上的時候，兩名太空人花了2個多小時在月球表面進行艙外活動，在那裡裝置科學實驗，與橢圓形辦公室裡的美國總統理查·尼克森（Richard Nixon）通電話，並將實況影片傳回地球。黑白影片的畫質平平，登陸艙有限的無線電頻寬並無幫助，而且頻寬也被刻意限制，只允許太空船與任務控制中心之間的重要數據流。

相較之下，機組人員用哈蘇相機拍下的照片，畫質就非常清晰生動。在這張最著名的照片中，伯茲·艾德林站在月球表面，這張照片也許是阿波羅時代最具標誌性的圖像。他口中月球的「壯麗的荒涼」在這張照片中非常明顯，我們還可以注意到照片的深灰色調、美國國旗的色彩、艾德林太空服上的閥門與登月艙金色的腳。兩名太空人在登陸艙周圍活動時留下的腳印，只會被微小隕石形成的緩慢隕石雨侵蝕，在幾十萬年期間仍然可以看到。

艾德林靴子上的灰塵也很明顯。儘管每個機組人員都試著清除這些灰塵，有些灰塵還是不可避免地進入了登月小艇。在後來的任務中，月塵被描述為帶有火藥味，而且阿波羅17號太空人哈里遜·舒密特（Harrison Schmitt）似乎還因此出現花粉熱的症狀。

阿姆斯壯穿著胸前架設著攝影機的太空服，拍下了大部分的照片，因此這位阿波羅11號的指揮官很少出現在照片中。不過在這裡，這位第一個登上月球的人，身影出現在艾德林頭盔面罩的映像中。

月球上的伯茲·艾德林（下頁）

攝影／尼爾·阿姆斯壯，攝於1969年7月20日

這張照片入選了《時代》雜誌「史上最具影響力的100張照片」，《時代》雜誌認為，看似脆弱的伯茲·艾德林讓這張照片從阿波羅11號任務的所有照片中脫穎而出，深深讓人著迷。艾德林站在那裡，一個小小的人站在巨大的月球上，身處「壯麗的荒涼」之間。頭盔面罩映像的變形，更替這張照片增添了一股超現實感。

"All the News That's Fit to Print"

The New York Times

LATE CITY EDITION

Weather: Rain, warm today; clear tonight. Sunny, pleasant tomorrow. Temp. range: today 80-66; Sunday 71-66. Temp.-Hum. Index yesterday 69. Complete U.S. report on P. 50.

VOL. CXVIII . No. 40,721 — © 1969 The New York Times Company. — NEW YORK, MONDAY, JULY 21, 1969 — 10 CENTS

MEN WALK ON MOON

ASTRONAUTS LAND ON PLAIN; COLLECT ROCKS, PLANT FLAG

Voice From Moon: 'Eagle Has Landed'

EAGLE (the lunar module): Houston, Tranquility Base here. The Eagle has landed.

HOUSTON: Roger, Tranquility, we copy you on the ground. You've got a bunch of guys about to turn blue. We're breathing again. Thanks a lot.

TRANQUILITY BASE: Thank you.

HOUSTON: You're looking good here.

TRANQUILITY BASE: A very smooth touchdown.

HOUSTON: Eagle, you are stay for T1. [The first step in the lunar operation.] Over.

TRANQUILITY BASE: Roger. Stay for T1.

HOUSTON: Roger and we see you venting the ox.

TRANQUILITY BASE: Roger.

COLUMBIA (the command and service module): How do you read me?

HOUSTON: Columbia, he has landed Tranquility Base. Eagle is at Tranquility. I read you five by. Over.

COLUMBIA: Yes, I heard the whole thing.

HOUSTON: Well, it's a good show.

COLUMBIA: Fantastic.

TRANQUILITY BASE: I'll second that.

APOLLO CONTROL: The next major stay-no stay will be for the T2 event. That is at 21 minutes 26 seconds after initiation of power descent.

COLUMBIA: Up telemetry command reset to reacquire on high gain.

HOUSTON: Copy. Out.

APOLLO CONTROL: We have an unofficial time for that touchdown of 102 hours, 45 minutes, 42 seconds and we will update that.

HOUSTON: Eagle, you loaded R2 wrong. We want 10254.

TRANQUILITY BASE: Roger. Do you want the horizontal 55 15.2?

HOUSTON: That's affirmative.

APOLLO CONTROL: We're now less than four minutes from our next stay-no stay. It will be for one complete revolution of the command module.

One of the first things that Armstrong and Aldrin will do after getting their next stay-no stay will be to remove their helmets and gloves.

HOUSTON: Eagle, you are stay for T2. Over.

Continued on Page 4, Col. 1

VOYAGE TO THE MOON

By Archibald MacLeish

Presence among us,

wanderer in our skies,

dazzle of silver in our leaves and on our
waters silver,

O
silver evasion in our farthest thought—
"the visiting moon" . . . "the glimpses of the moon" . . .

and we have touched you!

From the first of time,
before the first of time, before the
first men tasted time, we thought of you.
You were a wonder to us, unattainable,
a longing past the reach of longing,
a light beyond our light, our lives—perhaps
a meaning to us . . .

Now
our hands have touched you in your depth of night.

Three days and three nights we journeyed,
steered by farthest stars, climbed outward,
crossed the invisible tide-rip where the floating dust
falls one way or the other in the void between,
followed that other down, encountered
cold, faced death—unfathomable emptiness . . .

Then, the fourth day evening, we descended,
made fast, set foot at dawn upon your beaches,
sifted between our fingers your cold sand.

We stand here in the dusk, the cold, the silence . . .

and here, as at the first of time, we lift our heads.
Over us, more beautiful than the moon, a
moon, a wonder to us, unattainable,
a longing past the reach of longing,
a light beyond our light, our lives—perhaps
a meaning to us . . .

O, a meaning!

over us on these silent beaches the bright
earth,
presence among us

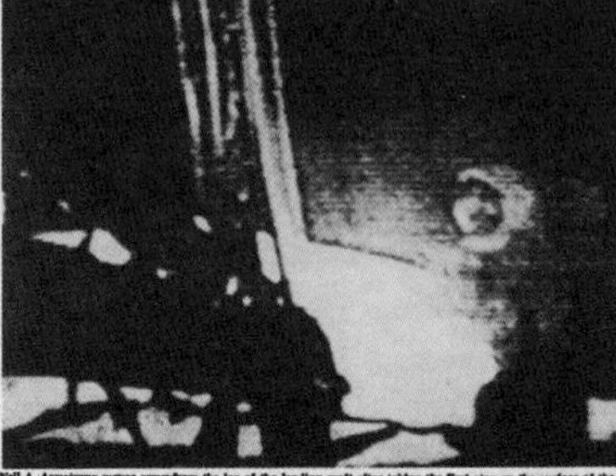

Neil A. Armstrong moves away from the leg of the landing craft after taking the first step on the surface of the moon

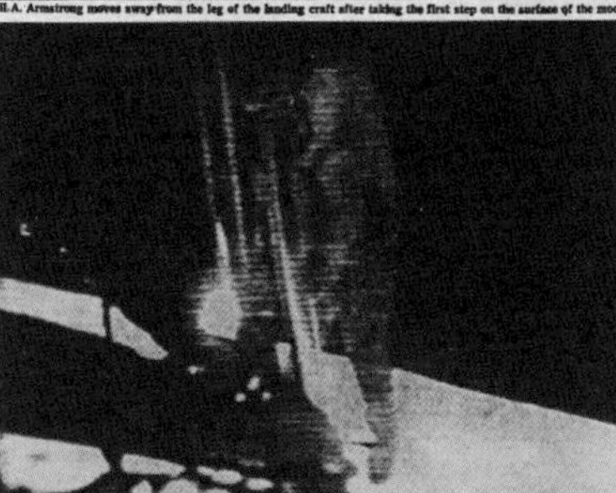

The New York Times from C.B.S. News

Col. Edwin E. Aldrin Jr. climbing down the ladder. The television camera was attached to a side of the lunar module.

Associated Press

Mr. Armstrong, right, and Colonel Aldrin raise the U.S. flag. A metal rod at right angles to the mast keeps flag unfurled.

A Powdery Surface Is Closely Explored

By JOHN NOBLE WILFORD

Special to The New York Times

HOUSTON, Monday, July 21—Men have landed and walked on the moon.

Two Americans, astronauts of Apollo 11, steered their fragile four-legged lunar module safely and smoothly to the historic landing yesterday at 4:17:40 P.M., Eastern daylight time.

Neil A. Armstrong, the 38-year-old civilian commander, radioed to earth and the mission control room here:

"Houston, Tranquility Base here. The Eagle has landed."

The first men to reach the moon—Mr. Armstrong and his co-pilot, Col. Edwin E. Aldrin Jr. of the Air Force—brought their ship to rest on a level, rock-strewn plain near the southwestern shore of the arid Sea of Tranquility.

About six and a half hours later, Mr. Armstrong opened the landing craft's hatch, stepped slowly down the ladder and declared as he planted the first human footprint on the lunar crust:

"That's one small step for man, one giant leap for mankind."

His first step on the moon came at 10:56:20 P.M., as a television camera outside the craft transmitted his every move to an awed and excited audience of hundreds of millions of people on earth.

Tentative Steps Test Soil

Mr. Armstrong's initial steps were tentative tests of the lunar soil's firmness and of his ability to move about easily in his bulky white spacesuit and backpacks and under the influence of lunar gravity, which is one-sixth that of the earth.

"The surface is fine and powdery," the astronaut reported. "I can pick it up loosely with my toe. It does adhere in fine layers like powdered charcoal to the sole and sides of my boots. I only go in a small fraction of an inch, maybe an eighth of an inch. But I can see the footprints of my boots in the treads in the fine sandy particles.

After 19 minutes of Mr. Armstrong's testing, Colonel Aldrin joined him outside the craft.

The two men got busy setting up another television camera out from the lunar module, planting an American flag into the ground, scooping up soil and rock samples, deploying scientific experiments and hopping and loping about in a demonstration of their lunar agility.

They found walking and working on the moon less taxing than had been forecast. Mr. Armstrong once reported he was "very comfortable."

And people back on earth found the black-and-white television pictures of the bug-shaped lunar module and the men tramping about it so sharp and clear as to seem unreal, more like a toy and toy-like figures than human beings on the most daring and far-reaching expedition thus far undertaken.

Nixon Telephones Congratulations

During one break in the astronauts' work, President Nixon congratulated them from the White House in what, he said, "certainly has to be the most historic telephone call ever made."

"Because of what you have done," the President told the astronauts, "the heavens have become a part of man's world. And as you talk to us from the Sea of Tranquility it requires us to redouble our efforts to bring peace and tranquility to earth.

"For one priceless moment in the whole history of man all the people on this earth are truly one—one in their pride in what you have done and one in our prayers that you will return safely to earth."

Mr. Armstrong replied:

"Thank you Mr. President. It's a great honor and privilege for us to be here representing not only the United States but men of peace of all nations, men with interests and a curiosity and men with a vision for the future."

Mr. Armstrong and Colonel Aldrin returned to their landing craft and closed the hatch at 1:12 A.M., 2 hours 21 minutes after opening the hatch on the moon. While the third member of the crew, Lieut. Col. Michael Collins of the Air Force, kept his orbital vigil overhead in the command ship, the two moon explorers settled down to sleep.

Outside their vehicle the astronauts had found a bleak

Continued on Pages 2, Col. 1

Today's 4-Part Issue of The Times

This morning's issue of The New York Times is divided into four parts. The first part is devoted to news of Apollo 11, and includes Editorials and letters to the Editor (Page 16). Poems on the landing on the moon appear on Page 17.

General news begins on the first page of the second part. The News Summary and Index is on the first page of the third part, which includes sports news, obituaries (Page 51) and transportation news and weather reports (Pages 50 and 52).

Financial and business news begins on the first page of the fourth part.

Following is the News Index for today's issue:

太空人在月球漫步（前頁）

報紙／1969年7月21日《紐約時報》（*New York Times*）

根據《紐約時報》報導，太空人確實「降落在平原上；採集岩石；插旗。」全世界都為了這項具有的文化與歷史意義的成就而歡呼不已。

在月球插旗（上圖）

攝影／美國國家航空暨太空總署，1969年7月20日

尼爾．阿姆斯壯（左）與伯茲．艾德林將美國國旗插在月球上。他們還留下一塊牌子，上面寫著「我們為全世界和平而來」。

芝加哥歡迎阿波羅11號太空人的到來（下頁）

攝影／照片研究員，1969年8月13日

彩帶飄揚的英雄式大遊行始於紐約、芝加哥與洛杉磯，後來演變成題為「人類的一大步」的巡迴活動，歷時45天，行經25國。

WELCOME TO
CHICAGO

阿波羅11號太空人（由左到右）：
尼爾・阿姆斯壯、麥可・柯林斯與伯茲・艾德林自月球返回地球以後進行隔離

攝影／《生活》雜誌攝影收藏，1969年7月24日

阿波羅11號太空人返回地球後，在隔離區待了21天，以免他們從月球帶回任何有害的傳染病。這種隔離規定在阿波羅14號任務後取消，當時已證明月球上沒有任何病原體。

阿波羅 11 號任務識別徽章

概念設計插圖／阿波羅 11 號機組團隊，美國國家航空暨太空總署，1969 年

機組成員按傳統設計了他們自己的任務識別徽章，這個設計大多歸功於麥可．柯林斯。機組人員的姓名刻意被省去，因為任務的成功也有賴於地面上龐大團隊的協助。地球這個「藍色大理石」位於左側，不過陰影的位置錯了（如果從月球上看，地球陰影應該位於下半部）。圖中的老鷹是美國的國鳥，也是登陸艙的名稱，老鷹攜帶著象徵和平的橄欖枝。

登月彩排

1969年5月18日，太空人托馬斯·斯塔福德（Thomas Stafford）、約翰·楊恩（John Young）與尤金·塞爾南（Eugene Cernan）執行了一項測試成功登月所需之組成部件與飛行技術的任務。他們駕駛阿波羅10號太空船的飛行任務，是兩個月後阿姆斯壯與艾德林成功登月的重要彩排。

斯塔福德與塞爾南於5月21日抵達月球軌道，並在隔日登上登月小艇。在阿波羅11號之前，世界上沒有任何一個太空總署曾將人類送上另一個世界（就此而言，此後也沒有），因此太空船的測試對於登陸月球任務是至關重要的。

這2位太空人與留在指揮艙的楊恩分開，他們將登月艙帶到距離月球表面16公里以內的高度，後來塞爾南曾描述他們如何替尼爾·阿姆斯壯「畫好」跑道，阿姆斯壯「只要好好著陸就好。」然而，他們低估了回程起飛時發生的實際狀況。

這個情形的導因後來被認定是人為錯誤，有一個開關被留在錯誤的位置，表示登月艙會在錯誤的時間自動尋找指揮艙，太空船因此開始不受控制地翻轉，可能導致太空船墜毀在下方的月球表面。太空船翻轉5分鐘過後，機組人員彈射出降落臺（登月艙的下半段），終於平安返航，加入楊恩的行列。他們在5月23日啟程返回月球，指揮艙在3天後於太平洋墜落。

無論在過去或現在，太空旅行都是危險的，尤其是當太空船返回地球、重新進入地球大氣層的最後一段旅程。太空船以每秒11公里的速度衝進大氣層，這個速度比步槍子彈快了30倍，據估計可以將太空船加熱到大約華氏5,000度（攝氏2,700度以上），足以輕易熔化大部分金屬的溫度。為了解決這個問題，阿波羅號的機組人員周圍有一塊非常薄的塑膠隔熱板，它會在降落過程中燒毀，讓指揮艙裡的太空人能待在舒適的溫度中。

燒焦的阿波羅10號指揮艙，目前陳列於倫敦科學博物館。這個曾經進入太空、現在又回到公眾眼前的太空艙，只是農神5號（Saturn V）運載火箭與有效載荷的其中一小部分。（登月艙的上部名為「史努比」，一般認為現在位於圍繞太陽運轉的軌道上。）

無論這3名太空人的個人感受如何，他們對於錯過登月並沒有公然表現出沮喪之情，而且後來也都重返太空執行任務。楊恩在阿波羅16號任務中於月球表面進行太空漫步，也成為太空梭處女航的駕駛；塞爾南隨著阿波羅17號任務重返月球；斯塔福德則於1975年成為阿波羅聯盟測試計畫指揮官，該計畫為美國與蘇聯第一次合作的太空計畫。

從阿波羅10號登月艙觀看指揮艙與服務艙的景象（前頁）

攝影／美國國家航空暨太空總署，1969年

在阿波羅11號成功登月的2個月前，湯瑪斯．斯塔福德、約翰．楊恩與尤金．塞爾南等3名太空人出發執行任務，演練讓登月行動得以實現的所有程序。

愛達荷州月面環形火山口（上圖）

太空雷達圖像／美國國家航空暨太空總署，1994 年

美國愛達荷州月面環形火山口國家紀念區及保護區是一個不宜人居的地方，流動的熔岩形成了崎嶇不平的玄武岩景觀，與真正的月球表面環形火山口並沒有兩樣。1969年，阿波羅12號太空人參觀了月面環形火山口國家紀念區，以更加了解火山地形，為他們的登月任務做準備。

阿波羅 11 號登月艙 —— 老鷹號（下頁）

合成攝影／美國國家航空暨太空總署，1969 年 7 月 20 日

這張合成照片幫助我們想像尼爾．阿姆斯壯與伯茲．艾德林引導登月艙降落在月球表面寧靜海的情景，此後沒多久，阿姆斯壯說出流傳百世的名言，「休斯頓……老鷹號已經降落。」

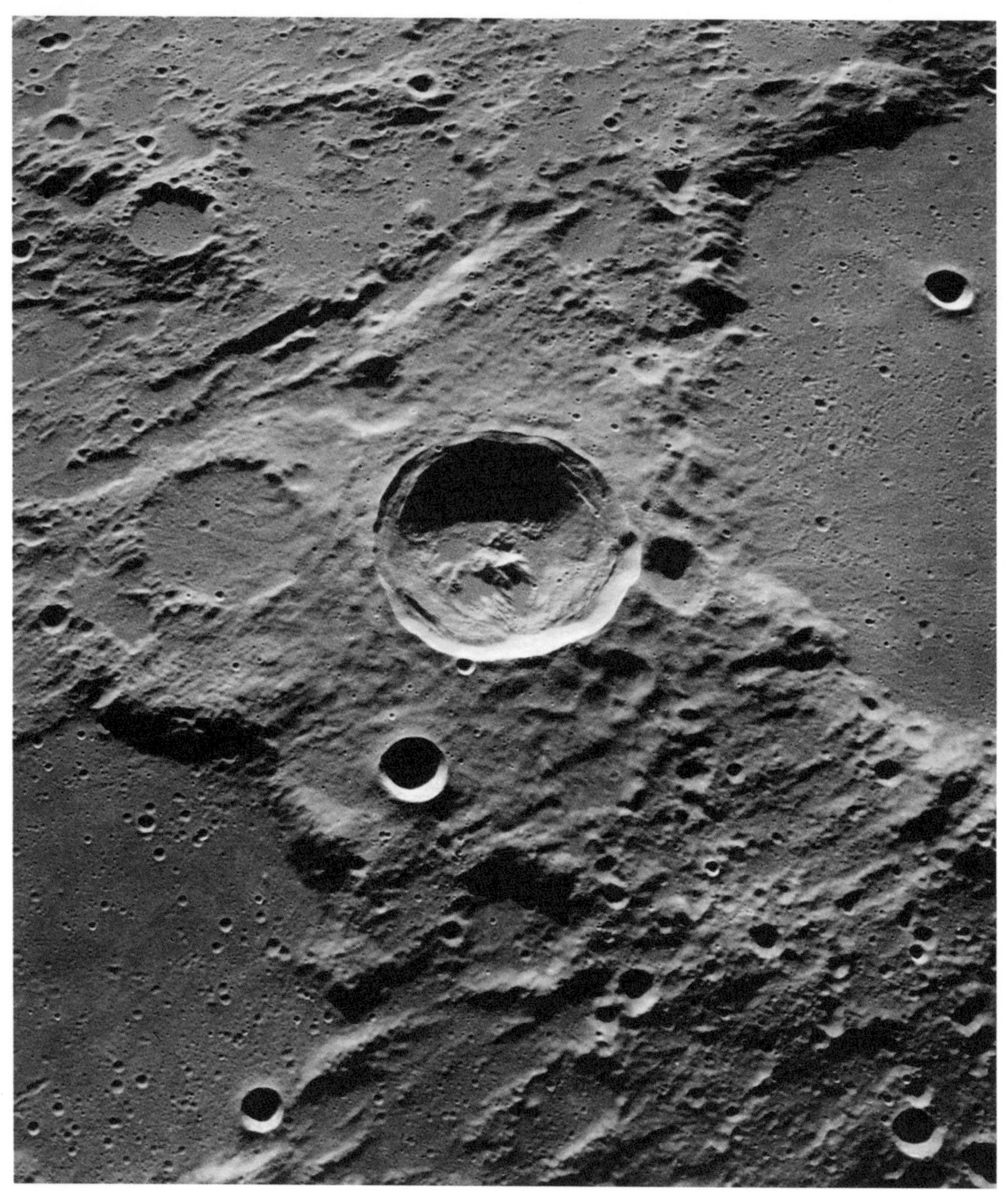

赫歇爾撞擊坑

攝影／阿波羅 12 號／美國國家航空暨太空總署，1969 年

這座月球表面的環形山以發現天王星的著名天文學家威廉．赫歇爾（William Herschel）來命名。中央山峰是在月球表面受到撞擊後反彈造成。

Fig. 3.—A Lunar Halo.

〈月暈〉，出自《全民科學》（*Science for All*）圖3

雕版畫／英國，19世紀

月暈是一種光學效應，是月球發出的光線與地球大氣層上層冰晶交互作用後形成。當光線穿過這些晶體時，光線會以22度以上的角度反射，形成比月球大44倍的環。

月球模型

混凝紙漿與黃銅／約翰．羅素（John Russell），1797 年

羅素的模型旨在展現月球（較大的球體）如何繞著地球轉。月球上有精美刻畫的環形山、海洋與山脈，這些都是根據羅素花了數十年繪製的詳細月球地圖來製作。他只畫了月球的一面，也就是從地球上看得到的那一面。

《月》，出自《節日》（*Festkalender*）

套色石印版畫／漢斯・托瑪，約 1910 年創作

托馬的許多作品都採用了神話主題，包括1910年出版的《節日》。在這幅插畫中，月亮有一張男人的臉，看起來好像有一滴眼淚從左眼流了下來。盤旋上方的是月暈，或是占星學的符號。

內布拉星象盤

人類可能自最早的文明開始，就已經了解月相的原理，並將天體的規則運動與外觀變化當作基本的曆法結構。了解季節如何與何時變化，以及潮汐何時到來，對於倚賴捕魚與農業為生的社群來說，具有攸關生存的重要性。在大多數古代文化中，我們都可以看到月球與其他天體的擬人化與描繪，而星圖就比較罕見，這也讓內布拉星象盤（sky disc of Nebra）成了一個相當特殊的物件。

這個星象盤的時間可以回溯到公元前1600年左右，是目前已知最早繪製星圖的嘗試，比古埃及星圖早了200年左右。它的直徑為32公分，重量約2公斤，由青銅製成，現已鏽蝕成我們看到的藍綠色，上有金色圖案裝飾。這件文物於1999年由寶物獵人在德國內布拉鎮附近發現（後來曾試圖在黑市上出售）。

很不幸的是，這件脆弱的文物在挖掘出土時受到損害，不過上面的符號仍然清晰可見。這個星象盤展現出一幅易於理解卻也引人注目的宇宙圖像：新月、滿月或太陽、3個隱晦的鐮刀形狀、以及30個可能代表星辰的小圓盤。其中有7個圓盤被確認為昂宿星團，其他恆星也被謹慎辨識出來。這似乎證實了，這塊圓盤旨在準確地描述宇宙。

我們仍然不知道這個星象盤的用途為何。由於上面突出的月亮與太陽形象，它看來像是個宗教用品，不過也可能是天文工具，或是兩者兼備。昂宿星團是一個重要的星團，突出於北半球秋天也就是收穫季節的星空，在春季消失。據推測，這個星象盤描述的是收穫與播種的最佳（或神聖）時期。

然而，這個星象盤也有其爭議所在，尤其是因為它發掘出土的狀況極為可疑。在一般的預期中，這樣的文物可能出現在古希臘、古埃及與美索不達米亞文明，不過歐洲在此之前未曾有這樣的文物出土，因此人們曾一度認為這可能是個騙局。令人欣慰的是，針對腐蝕表面進行的科學測試已經證實這件文物不可能是假的，讓它成為至今最早的精確新月圖像。

內布拉星象盤（下頁）

青銅與黃金／德國，約公元前1600年

內布拉星象盤從詐騙者手中釋出以後，著實讓考古學家感到驚奇，它給史前學者提供了一個證據，證實那個時代所存在的文化比原本以為的更加複雜。一般認為這件文物具有宗教意義，下面的彎月形可能是作為諸神運輸工具的太陽船，同時也提供有關「神聖」收穫季節的農業指示。

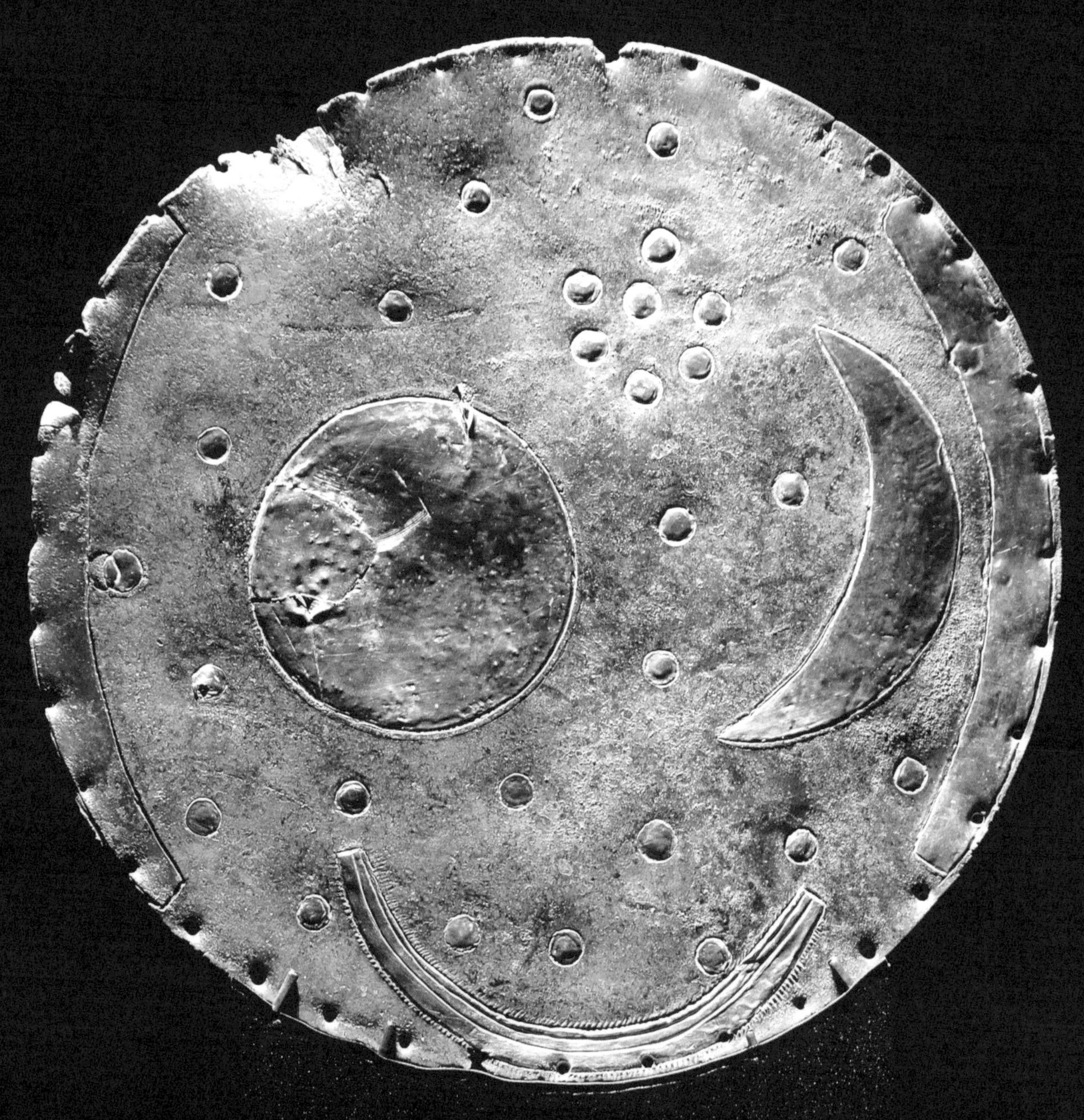

F.BALUSCHEK
Peterchens
Mondfahrt

《小彼得的登月之旅》（*Peterchens Mondfahrt*）（前頁）

書籍封面，套色石印版畫／格特．馮．巴塞維茨（Gerdt von Bassewitz，作者），漢斯．巴魯舍克（Hans Baluschek，插畫家），1915 年

巴塞維茨這則迷人的童話故事有著一種討喜新穎的登月方式：甲蟲的魔法頌歌賦予兩個孩子飛翔的能力，他們的任務是要從月亮上的惡魔手中奪回甲蟲被偷走的腿。沙人的月亮戰車與大熊（大熊星座）提供了太空中的運輸。

《耶路撒冷》（*Jerusalem*）第 100 幅插圖，描繪羅斯與艾妮莎蒙

鋼筆蝕刻，水彩，金漆與紙／威廉．布萊克（William Blake），1804-20 年

在威廉．布萊克著名的詩作中，艾妮莎蒙這個角色以月亮為象徵。她是「發散體」（emanation），也是羅斯的妻子。這張圖的背景為巨石陣，它完成於青銅器時代，我們至今仍然不知道巨石陣是如何與為何建造而成的。許多人相信，巨石陣是天文觀測臺，可研究太陽與月亮的運動，用於宗教或農業目的。

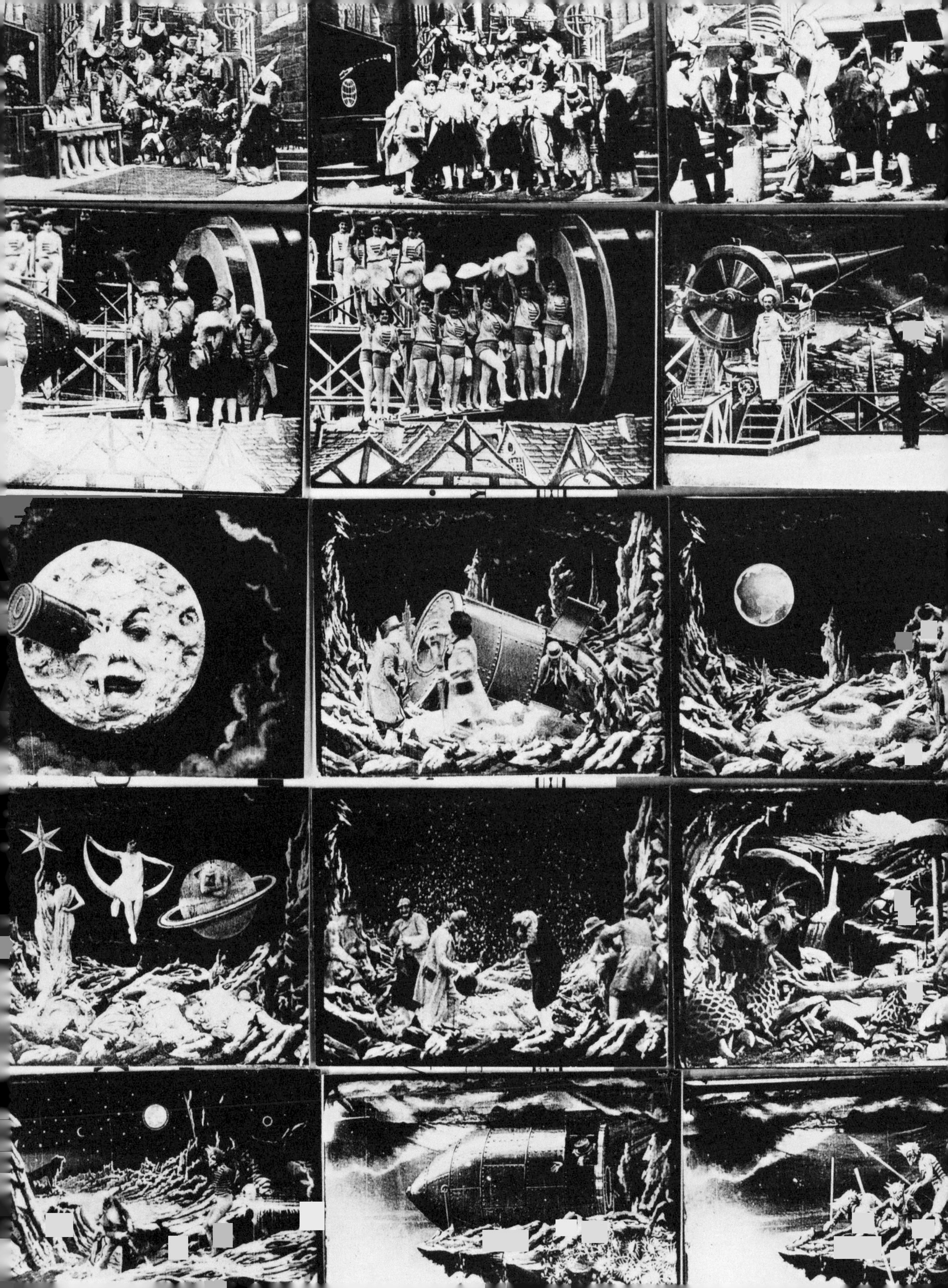

喬治・梅里葉的《月球旅行記》

通常，當月亮在故事、童話或是更近代的廣告與電影中扮演主角時，會需要將它化為更容易接近的角色，並且確實賦予它一張人臉。

擬人化的月亮中，非常具標誌性的形象是來自一部20世紀初的法國電影，在那個年代，電影是一種全新的媒介。在電影先驅喬治・梅里葉的無聲電影《月球旅行記》中，梅里葉本人親自扮演的主角，乘坐一艘子彈形狀的宇宙飛船從地球上的大砲發射，降落在月亮的右眼。宇宙飛船墜毀在月亮看似濕軟的表面，這個段落可能是最早的停格動畫。

月亮被來自地球的火箭擊傷的形象，顯然是很滑稽的，這部電影受到朱爾・凡爾納（Jules Verne）與赫伯特・喬治・威爾斯（H. G. Wells）的通俗科幻小說所啟發，常被認為是這些作品的諷刺性集錦。這部科幻電影幾乎沒有什麼科學可言：天文學家沒穿太空衣，而且月球似乎有與地球類似的大氣層。在天文學家造訪月球期間，甚至下了雪。梅里葉的月球上甚至居住著塞勒尼特人（Selenites），他們生性兇猛，總是揮舞著長矛，外形狀似昆蟲，當受到強力撞擊、甚至在墜落時，都會燃燒化為一股煙霧。剛開始時，塞勒尼特人暫居上風，將天文學家帶回他們的月球法庭，不過這些天文學家設法逃回了他們的宇宙飛船。儘管遭遇並不光彩，這些探險家在返航時仍然受到英雄式的歡迎，有一個不幸的塞勒尼特人在宇宙飛船墜回地球時跳了上去，結果被當作奇觀展示遊行。

這部大獲成功的電影提供了一個令人著迷的見解，讓人了解流行文化對太空旅行的想像，特別是在電影作為新興媒介的情況下。讓梅里葉更感興趣的，是運用場景的樂趣與奇妙的可能性，而不是要嘗試任何程度的現實主義。儘管電影有其低俗打鬧與愚蠢的一面，探險家入侵月球著實有著一種黑暗、暴力的意味，而天文學家則自嘲為笨拙的傻瓜。《月球旅行記》除了是早期的科幻電影以外，同樣也可以被解讀為對帝國主義的尖銳諷刺。

取自《月球旅行記》的畫格（前頁）

電影劇照／喬治・梅里葉，1902年

在電影攝影剛起步且以紀錄片為主的年代，喬治・梅里葉蔚為特效運用的前鋒，將幻想帶到銀幕上。梅里葉對舞臺魔術與法國魔術師讓・尤金・羅伯特－胡丁（Jean-Eugène Robert-Houdin）的作品產生濃厚的興趣，最終買下自己的劇院，並從創造舞臺幻象轉進創造鏡頭前的幻象。

《地出》

在1967年2月阿波羅1號失火的悲劇發生以後，美國國家航空暨太空總署一直到隔年年底才再次嘗試另一次登月任務。阿波羅8號於1968年12月21日升空，組員包括弗蘭克・博爾曼（Frank Borman）、詹姆斯・洛維爾（James Lovell）與威廉（比爾）・安德斯（William (Bill) Anders），他們是第一批前往並繞行月球爾後成功返航的人。

在飛行途中，月球表面的灰暗貧瘠與地球的鮮豔色彩形成的對比，以及無國界的景象，都讓三名太空人驚訝不已。即使是前往高度較低的地球軌道，旅行者往往也會花很多時間俯視著充滿生命的世界之美。幾乎所有生命都存在於海洋底部到大氣最底層之間的一個相對薄層之中，而從太空看來，這一層空間特別脆弱。

到聖誕夜，太空船已完成好幾次月球軌道繞行，太空人在這期間進行系統測試，安德斯也以一臺用於整個阿波羅計畫的改良手持式哈蘇相機來拍攝月球表面。其中一名組員（他不記得是誰）在看到地球從月亮後方浮現時直率地叫了出來，「天吶！看看那個景象！」

安德斯抓起一臺裝了彩色底片的相機，開始拍攝。拍出來的《地出》（*Earthrise*）被描述為有史以來最具影響力的圖像之一，描繪了一個與陰冷貧瘠的月球沙漠比鄰、充滿生命與色彩的脆弱世界。這張照片啟發了當時甫出現的環境運動，以及「太空船地球號」的概念。

《地出》入選《時代》雜誌「史上最具影響力的100張照片」。這個企劃展現的是「改變世界」的圖像，其中包括伯茲・艾德林在月球表面的照片、哈伯太空望遠鏡紀錄的影像「創生之柱」（the pillars of creation）、以及一些地球上的主題如1971年賈桂琳・甘迺迪・歐納西斯（Jackie Kennedy Onassis）的照片與喬・羅森塔爾（Joe Rosenthal）1945年拍攝美國軍人在硫磺島豎起美國國旗的照片。

安德斯與他的後繼者持續不斷地針對地球與太空近乎空虛與無生命的對比進行反思。他說：「我們大老遠來探索月球，而最重要的是我們發現了地球。」這段話無疑是所有太空人的心聲，對那些冒險越過地球軌道的少數太空人而言更是如此。

《地出》（下頁）

攝影／威廉・安德斯，1968年

安德斯拍攝的地球照片讓人回味無窮，它就像是一個謙卑的提醒，讓我們意識到自己居住的這個非凡行星何其壯麗，也體認到保護地球的必要性。洛維爾在月球軌道上實況轉播時所說的話，也附和著這樣的情感：「巨大的孤獨令人敬畏，讓你意識到你在地球上所擁有的一切。」

〈降落月球〉，朱爾．凡爾納《環繞月球》
1890 年德文版卷首插畫

彩色印刷／根據 R．格倫伯格（R. Grünberg）的素描，19 世紀

凡爾納筆下的太空旅行者，在前往月球執行任務時遭受災難，因而被困在月球軌道上。在這張圖中，他們從宇宙飛船觀看著月球表面的環形山，大感讚嘆，遠處可以看到許多星辰、一個彗星與土星。

〈太空：從月球看地球〉（Verldsrymden: Jorden sedd från månen），出自《人類》（*Menniskan*）

蝕刻／尼爾斯．利賈（Nils Lilja，作者），1889 年版

這幅精緻且極具藝術氛圍的插圖描繪的是從月球看地球的景象。前景滿是崎嶇不平的月表環形山，地球懸掛在星光點點的天空中，可清楚分辨出非洲大陸。

內史密斯與卡彭特的月球視野

1874年，也就是朱爾・凡爾納的科幻小說《環繞月球》英文翻譯版問世之後的一年（《環繞月球》是凡爾納廣受歡迎的1865年小說《從地球到月球》〔*From the Earth to the Moon*〕的續集），英國天文學家詹姆斯・卡彭特（James Carpenter）與蘇格蘭工程師工程師詹姆斯・內史密斯（James Nasmyth）出版了一本後來成為月球文學經典的著作。卡彭特在格林威治皇家天文臺工作多年，內史密斯則是在48歲退休後才開始對天文學感興趣。

他們這件吸引力十足的作品名為《月球：是行星、是世界，也是衛星》（*The Moon: Considered as a Planet, a World, and a Satellite*），它有許多目標，其中之一是以通俗易懂的方式來呈現重要的月球研究與知識。他們還想用月球表面結構的逼真圖像作為該書的插圖，搭配月球近側的全景和一些現象，例如月球觀點的模擬日食圖。

這些照片的本質，正是讓這本書如此有趣的原因。書中只有一張整頁插圖是真正的照片，其餘都是對月球近觀，以及可能導致地球上可以觀察到的環形山與星爆形狀形成原因的古怪創意發想。作者強調，他們的月球表面圖像是以長時間且仔細的望遠鏡觀察為依據，不過仍然認為所得的繪圖仍然不夠逼真。他們想出了一個好主意，將「圖紙轉化成模型……忠實重現月球的光影效應。」這些逼真的石膏模型由技術高超的內史密斯製作，完成以後，他們再將模型拍攝下來，呈現出令人吃驚的寫實月球景觀，不過它們儘管基於科學觀察，部分仍然為想像出來的圖像。內史密斯製作的月球模型，有一部分被倫敦科學博物館保存了下來。

這本書的插圖具有本質上的美感，這一點是無法否認的，而且書中還以許多效果甚佳的視覺比較來呈現月球表面與紋理。作者拍攝了一名男士皺巴巴的手背，以及一個乾癟的蘋果，「藉此說明某些山脈的起源來自於內部收縮。」在另一張照片中，我們看到一個精緻的玻璃球，玻璃球裂了，不過仍然完整，這是為了說明第谷環形山周圍放射狀條紋形成的可能原因。

內史密斯與卡彭特幫助人類理解月球的貢獻並沒有被忽視：兩人在月球上都有以他們的名字來命名的環形山。

「手背……藉此說明某些山脈的起源來自於內部收縮」，
出自《月球：是行星、是世界，也是衛星》（右頁）

平版印刷／詹姆斯・卡彭特與詹姆斯・內史密斯，1874年

卡彭特與內史密斯在這本耗時費力的著作中，以創意十足的表現形式來說明月球的特徵，例如以手背照片（右頁）或乾癟的蘋果來說明山脈的起源。

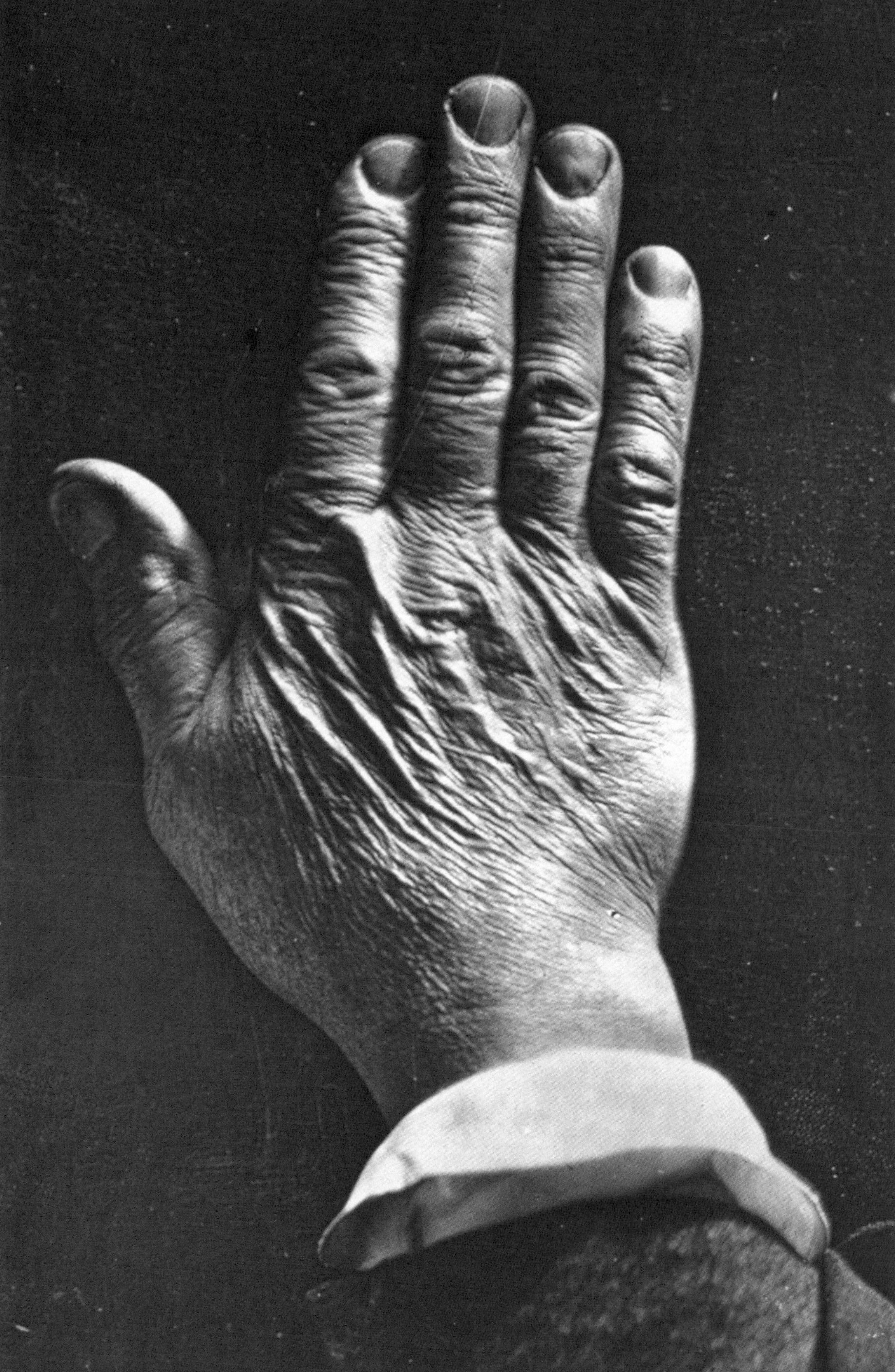

「第谷環形山明亮輻射條紋清晰可見的滿月」，
出自《月球：是行星、是世界，也是衛星》第19張整頁插圖

平版印刷／詹姆斯．卡彭特與詹姆斯．內史密斯，1874年

上圖與下頁：上圖為內史密斯與卡彭特著作中唯一一張真實的月球照片；他們在其他地方使用了比喻性的例子，例如右頁的地球儀與前頁的手背。逼真的環形山、山脈與其他特徵，也都在內史密斯製作的複雜模型中重現。

「因內部壓力裂開的玻璃球，說明第谷環形山周圍放射狀條紋形成的原因」，出自《月球：是行星、是世界，也是衛星》第20張整頁插圖

平版印刷／詹姆斯．卡彭特與詹姆斯．內史密斯，1874年

阿波羅11號發射

攝影／丹尼斯・哈利南（Dennis Hallinan），1969年

一幅簡單但惹人注目的圖像，有力地説明了將火箭送上太空所需要的力量。太空人必須接受特殊訓練，為他們在升空過程中即將遭遇的極限重力做準備。

火箭、月球、太空

合成圖像／作者不詳，約 1950 年代

這張圖像以一枚發射的火箭、繁星密布的宇宙與發光的月亮，説明了1950年代與1960年代的氛圍，在那個時期，人類的想像力著迷於太空與登月競賽。

月球車：在月球行車

阿波羅計畫的最後3次登月任務，也就是15、16與17號，每艘都載著有史以來造價最昂貴的車子。這些月球車是價值3千8百萬美元的電動車（相當於今天超過2億美元），可以搭載兩名太空人在月球表面行駛。

月球車只製造了四輛，而且被載到月球的三輛至今仍然在那裡。採用鋁合金框架的月球車重量相對輕盈，在抵達時整個框架才攤開。這輛可在低重力環境中運行的電動車，最高時速為每小時13公里，與地球上一位緩慢的自行車手差不多。儘管如此，這些電動車還是大大拓展了太空人在月球表面的活動範圍。

阿波羅15號太空人大衛·史考特（David Scott）與詹姆斯·艾爾文（James Irwin）總共用月球車跑了3趟行程，共27公里；第一趟去了熔岩通道哈德利月溪（Hadley Rille），然後是與亞平寧（Apennine）山脈平行的一段距離，最後則到了附近的環形山。在阿波羅16號任務中，約翰·楊恩（John Young）與查爾斯·杜克（Charles Duke）在笛卡爾高地行駛了差不多的距離，而阿波羅17號任務的尤金·塞爾南與哈里遜·舒密特則開了30公里，穿過陶拉斯—利特羅谷（Taurus-Littrow valley），到達兩個不同的山脈。這些月球車造價高昂，但價值卻也是無可估量的。即使是將太空人載到距離登陸艇不遠處，也讓組員能到不同的地方看到不同的景觀，採集不同岩石的樣品。舒密特在一次這樣的行動中發現了著名的橘紅色土壤，後來的研究發現這些土壤與一次古代火山爆發有關。

月球車是可靠的，但並非堅不可摧。出發前，塞爾南把阿波羅17號月球車的輪拱撞掉了一部分。在駕駛時，輪拱可以保護機組人員不受塵土從月球表面捲起時形成的羽狀與弧形飛濺流所影響。在月球上，這些塵土可能帶來真正的危害，會讓太空衣變黑，以至於吸收更多陽光，還可能將太空衣的面罩刮花。塞爾南與舒密特最後設法用膠帶將那塊輪拱黏了回去，不過幾小時後又掉了下來。他們按照任務控制中心的建議，運用膠帶找到了更持久的解決方法。他們用膠帶將護貝的地圖貼在一起，用以代替丟失的輪拱，而新修好的部分撐過了任務的剩餘時間，讓他們在月球上多行駛了15個小時。

詹姆斯·艾爾文與阿波羅15號月球車（下頁）

攝影／大衛·史考特，1971年拍攝

阿波羅15號創下月球車初次出任務的紀錄，讓太空人大衛·史考特與詹姆斯·艾爾文能去到比之前更大範圍的地區。組員的任務是探索哈德利—亞平寧地區，並且進行科學實驗。

阿波羅16號的獵戶座登月艙從登月地點起飛的情景

電視轉播攝影／美國國家航空暨太空總署，1972年4月22日

這是一輛月球車拍攝到的影片，阿波羅16號獵戶座登月艙載著太空人約翰·楊恩與查爾斯·杜克返回指揮艙與肯·馬丁利（Ken Mattingly）會合，以繼續他們返回地球的旅程。這是阿波羅登月計畫倒數第2次任務。

模擬登月艙著陸（下頁）

多重曝光攝影／美國國家航空暨太空總署，1967年4月11日

美國國家航空暨太空總署的蘭利研究中心位於維吉尼亞州漢普頓，它被用於阿波羅登月艙的模擬測試，讓太空人能練習他們的駕駛技能。

蘇聯太空競賽宣傳

直到1960年代中期，蘇聯在登月競賽一直居於領先地位，而且也在太空探索方面取得了重大突破，但這件事很容易被我們遺忘。蘇聯於1957年將第一個人造衛星送入軌道，當時美國幾次嘗試發射，都以失敗告終。1959年10月，蘇聯探測器月球3號將第一批月球背面的影像傳回地球。這些照片的顆粒很大，不過在冷戰時期卻具有重大的政治意義。

蘇聯針對太空探索製作的海報與其他宣傳材料，在清晰度、大膽用色與銳利度上，與太空傳來迷人但模糊的單色圖像形成刻意的對比。即使是電視與報紙上對太空探索的報導，都仍是黑白的，因此印刷宣傳品可利用的可能性也就被盡情發揮了。

對月球的探索以及隨之而來的科學，創造了一個精彩的故事，它很容易就能被轉譯成這樣的形象：在我們眼中，太空競賽受到大肆頌揚，被看作是進步、理想公民、以及整個國家理想的隱喻。對美國人來說，太空競賽在宣傳方面也提供了同樣的契機，不過我們可以注意到，美國的形象將焦點放在技術細節與科學方面，而蘇聯的形象則更寫實、更具象徵性與意識形態。這是出於政治因素而刻意安排傳播的公共藝術與形象。

海報描繪了體格健壯的蘇聯太空人，有時旁邊還會有老工程師，他們都有一個清晰的焦點與目標：月球。登月與殖民月球，是能反映出蘇聯在冷戰時期的實力、決心與政治實力的完美計畫。在前蘇聯國家的許多公共建築、彩繪玻璃、壁畫與馬賽克中，仍然可以看到面帶笑容的強壯太空人（男性與女性都有），以及有著繽紛色彩的幾何設計、朝著月球與其他星體發射的太空火箭。

蘇聯的工人與工程師（下頁）

海報／蘇聯，約1957-63年

在這張蘇聯海報上，一名工人和一名工程師欣賞月球的景象傳達出自豪感與意識形態。五芒紅星是共產主義的象徵，五芒星劃過的藍拱是蘇聯太空時代宣傳材料的常見主題：類似的「流星」圖案也可見於第101頁的海報。

СССР

摩擦月球火箭

玩具包裝／美國，日本製造，1950 年

上圖與下頁：這兩個玩具太空船的包裝設計結合了現實主義與幻想。設計師仔細描繪出看來寫實的科技之際，對火箭發射則發揮創意，讓火箭從光滑的月球表面發射，在另一張圖中，一名太空漫步的太空人則拿著槍。

太空艙

玩具包裝／美國，日本製造，1960 年

《榮耀歸於第一位蘇聯太空人加加林》（本頁左圖）

海報／瓦倫丁．彼得羅維奇．維克托羅夫（Valentin Petrovich Victorov），1961 年

尤里．加加林（Yuri Gagarin）是蘇聯太空計畫的的名義領袖，是第一個到太空旅行的人類。加加林於1968年過世，美國太空計畫在此時開始超越蘇聯，而蘇聯太空競賽的機運也恰好在這個時間點走到盡頭。

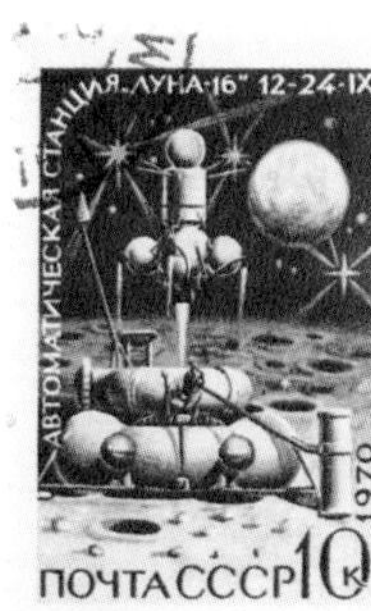

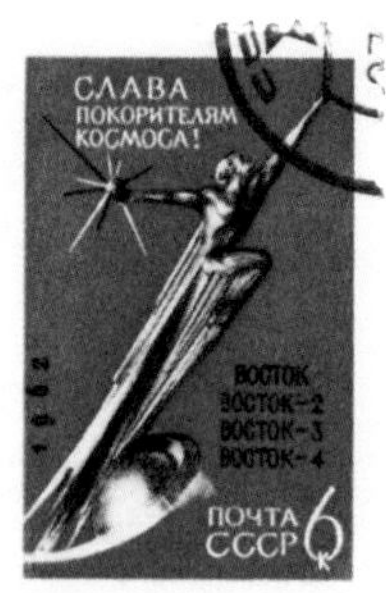

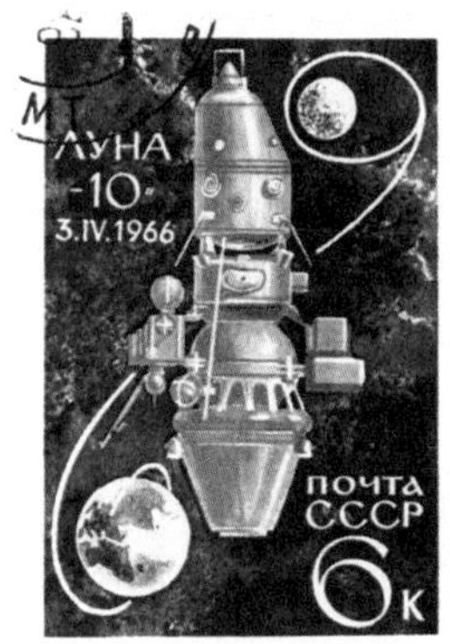

紀念蘇聯太空計畫的郵票（本頁與前頁右側）

郵票／不同地點，1961-86 年

這套郵票以蘇聯太空計畫中極受歡迎的象徵為特色，如太空人尤里．加加林與范倫蒂娜．泰勒絲可娃（Valentina Tereshkova），以及月球號（Luna）與東方號（Vostok）等，還有共產主義標誌如紅星、鎚子與鐮刀等。

LA PREMIERE FEMME DANS LE COSMOS

NUMERO SPECIAL 18 JUIN 1963

Les Nouvelles de MOSCOU

HEBDOMADAIRE, RUE GORKI 16/2, MOSCOU

Prix : 3 kopecks.

La cosmonaute-VI Valentina TERECHKOVA

〈第一位進入太空的女性〉（前頁）

報紙／《莫斯科新聞報》（*Les Nouvelles de Moscou*），
1963年6月18日

范倫蒂娜．泰勒絲可娃是第一位進入太空的女性，也是唯一一位曾在太空獨立執行任務的女性。她在400名候選人中脫穎而出，獲選接受訓練。

機械太空人

玩具包裝／美國，日本製造，1950年

在現實生活中，阿波羅號太空人「為全人類和平而來」；玩具太空人則為了以防萬一而帶著武器。

謝蓋爾・科羅列夫

1950年代與1960年代的美國太空計畫多半是在公眾視線中發展出來的。韋納・馮・布勞恩（Wernher von Braun）等具有爭議性的支持者廣泛結交新聞廣播媒體，美國國家航空暨太空總署在太空競賽的成敗也都被詳實紀錄下來。在蘇聯的情況則大大不同。由於嚴謹的媒體審查，只有成功的任務才會浮出水面，因此有一段時間，給了人蘇聯遙遙領先美國對手的印象。西方世界與蘇聯民眾完全不知道的是，謝蓋爾・科羅列夫（Sergei Korolev）是領導蘇聯早期取得勝利的首席設計師與工程天才。

科羅列夫於1906年出生於烏克蘭，他在基輔理工學院修習航太工程。他後來進入莫斯科大學，並於1931年成立反作用運動研究小組。在1930年代末期，他成了史達林大清洗的受害者，大清洗導致數萬人因涉嫌反蘇聯活動而遭受處決與監禁。他在反作用運動研究小組的同儕瓦朗坦・格盧什科（Valentin Glushko）於1938年被捕，為了減輕自己的刑責而告發科羅列夫。

科羅列夫被判坐牢10年，並到蘇聯遠東地區以嚴苛聞名的柯雷馬（Kolyma）金礦服刑數月。內務人民委員部是史達林時代負責執行最強烈鎮壓的機構，在部長的干預下，科羅列夫得以回到莫斯科接受重審。他的刑期被減至8年，而且這次他在一個專門關押知識分子的監獄裡服刑，於第二次世界大戰期間為軍用飛機研製火箭推進器。戰後，他轉而研發導彈，後來也繼續研究攜帶新研發之核子彈頭的大型洲際彈道飛彈。

科羅列夫的團隊打造出世界上第一顆大型洲際彈道飛彈，也就是R-7彈道飛彈。這顆導彈在1957年夏天發射。同年10月4日，科羅列夫用同樣的手段將史普尼克號（Sputnik）送上軌道，開啟了太空時代。這個有史以來的第一次衛星發射，震驚了美國科學家與廣大美國群眾。史普尼克號會傳送簡單的無線電信號，這種嗶嗶聲持續了3週，讓人留下蘇聯在太空與科技方面領先全球的印象。到了11月，同一型號的火箭將一隻名叫萊卡的流浪狗送上太空，而不到4年後，尤里・加加林成了第一個繞行地球軌道的人類。

科羅列夫經歷了蘇聯最糟糕的歲月，他的祕密工作讓他領導了一個太空計畫，將第一批探測器送上月球。他也有野心，想把蘇聯太空人送上月球。然而，他並沒有活到親眼目睹蘇聯在太空競賽中逐漸落後；1965年，他被診斷罹患結腸癌，並於次年1月在手術中死亡。

唯有在他死後，蘇聯才披露出這個人的存在。《真理報》（*Pracda*）刊登了訃告，科羅列夫更被隆重安葬於克里姆林宮紅場墓園，而月球背面有一個大型環形山以他為名。

東方號從拜科努爾太空發射場第1號發射臺發射（前頁）

攝影／蘇聯，1961年4月12日

科羅列夫的東方號太空船載著蘇聯太空人尤里・加加林，啟程前往地球軌道。這是有史以來人類第一次進入太空。

史普尼克號，蘇聯第一個太空衛星

攝影／瓦倫丁・切雷丁采夫（Valentin Cheredintsev），1967年

1967年10月，史普尼克號成了第一個被送入太空的人造物體。這是蘇聯太空計畫的巨大勝利，被認為是太空競賽的導火線。史普尼克號的其中一個目的，是要測試將人造衛星送上地球軌道的方法。

《日食全景》（*Totality*）（下頁）

裝置藝術攝影／凱蒂・帕特森（Katie Paterson）

帕特森的鏡球反射出超過1萬張日食圖像，這些圖像幾乎代表了所有曾經被記錄下來的日食，其中包括數百年前的描繪。這個裝置藝術探討了月球的奇觀，以及人類長久以來對月球的迷戀。

〈向鋪平通往宇宙之路的蘇聯人民喝采〉

套色石印版畫／瓦迪姆・沃洛科夫（Vadim Volokov），1959 年

在太空競賽早期，蘇聯人似乎領先。宣傳活動稱頌著太空計畫的成功，受到嚴格審查的媒體並不會出現任何有關挫敗的報導。在這張1959年的海報中，一輪超大的月亮赫然出現在莫斯科克里姆林宮斯巴斯克塔的上方。

瑪格麗特・漢密爾頓

軟體工程師瑪格麗特・漢密爾頓（Margaret Hamilton）在阿波羅計畫中扮演的角色極其重要，卻是個未受稱頌的無名英雄。漢密爾頓於1936年出生於美國印第安納州，她學的是數學，於24歲進入麻省理工學院擔任軟體開發人員，在電腦科學這個新興領域工作。

漢密爾頓最初把這個職位視為能夠支持丈夫修習法律課程的途徑，不過隔年，麻省理工學院邀請她為阿波羅導航系統編寫軟體（軟體這個詞彙在當時還是一個不常見的用詞）。她抓住了這個機會，領導麻省理工學院儀器實驗室的軟體工程部門，成為阿波羅計畫用來往返降落月球的程式碼的作者。

在1960年代，漢密爾頓是一位在職媽媽，無論是她身為女性電腦程式設計師的角色，或是電腦程式設計師這個職業，在當時都是極其罕見的。即使到今天，美國電腦界的女性雇員只占了不到四分之一，修習電腦科學的女性從1980年代的三分之一，降到目前不到五分之一。美國國家航空暨太空總署就如其他科技界的雇主，現在也更加努力雇用女性職員，而且大約有一半的太空人候選人為女性。英語國家尤其面臨了科技業招募的危機，舉例來說，在美國與英國，物理學畢業生中只有五分之一為女性。擴大申請者的基礎，著實有其必要。

儘管面臨許多障礙，漢密爾頓在訪問中仍然描述了她與同事的情誼，以及她們手上這些開創性工作所帶來的純粹興奮感與令人成癮的特質。她的團隊做出的主要創新，在於非同步處理，讓阿波羅號的電腦能按優先順序排列不同的功能，讓系統能應付多重需求。1969年7月，當阿波羅11號最後一次接近月球表面時，編號為1201與1202的兩個警報響起。控制中心必須作出登陸／放棄的決定。工程師們很快就意識到，漢密爾頓的非同步處理程式碼發揮了作用：電腦專注於手頭的任務，忽略了較不緊迫的工作。每當電腦超載時，系統就會清空並重新啟動，最終讓機組人員將登月艙安全降落在寧靜海。

漢密爾頓在1970年代離開美國國家航空暨太空總署，進入私營部門，成立了兩家公司。2016年，她獲得美國總統巴拉克・歐巴馬（Barack Obama）頒發總統自由勳章。女性在登月任務中扮演的角色終於獲得遲來的認可，同年樂高玩具組以「美國國家航空暨太空總署的女性」為題推出產品，其中就有漢密爾頓的人偶。此外，漢密爾頓的程式碼也被上傳到現代開發者分享工作的GitHub線上平臺。

瑪格麗特・漢密爾頓在阿波羅計畫工作的情景（下頁）

攝影／美國國家航空暨太空總署・麻省理工學院博物館，約1967年

若不是瑪格麗特・漢密爾頓的程式碼，尼爾・阿姆斯壯與伯茲・艾德林就無法在1969年成功登陸月球。她被認為是軟體工程領域的開拓者，也創造了這個科學本身使用的術語。

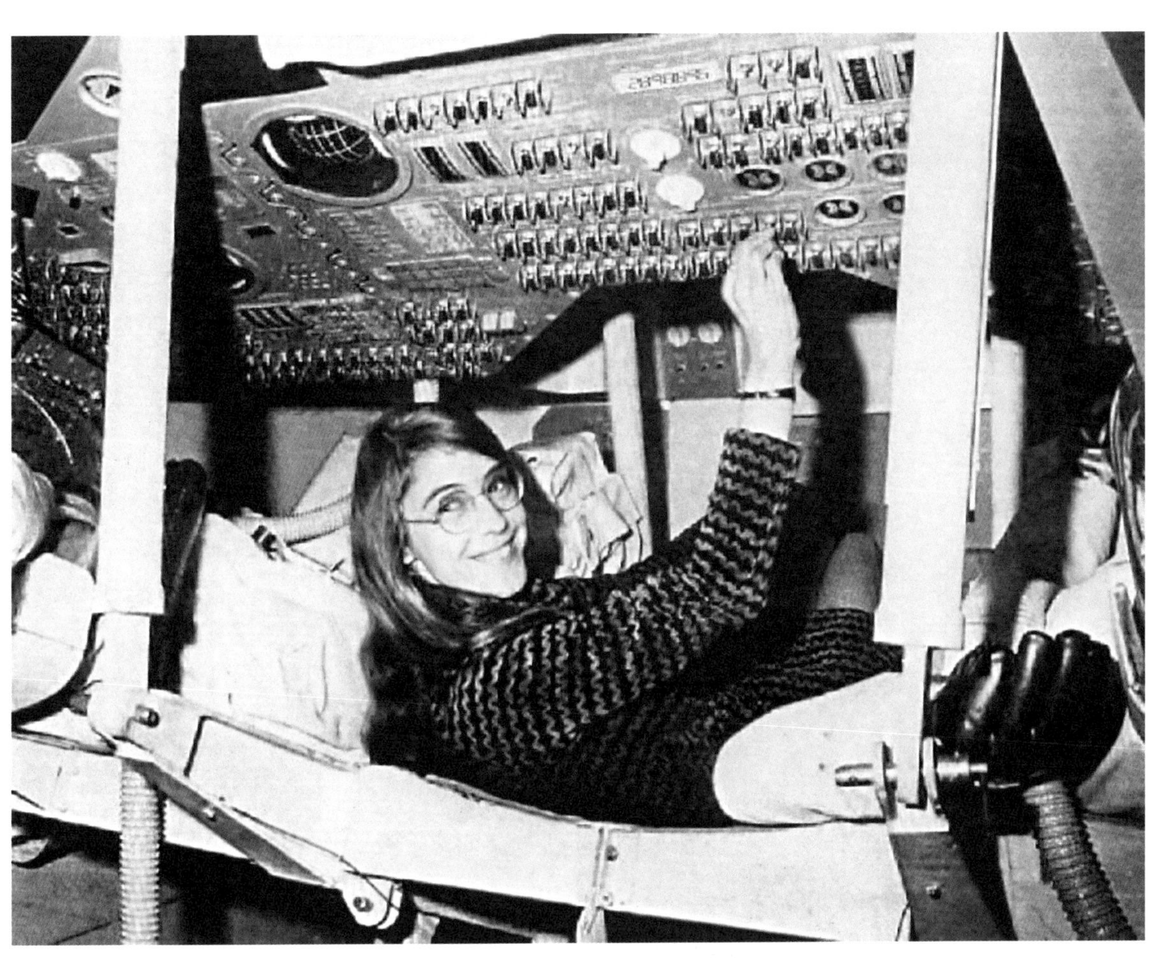

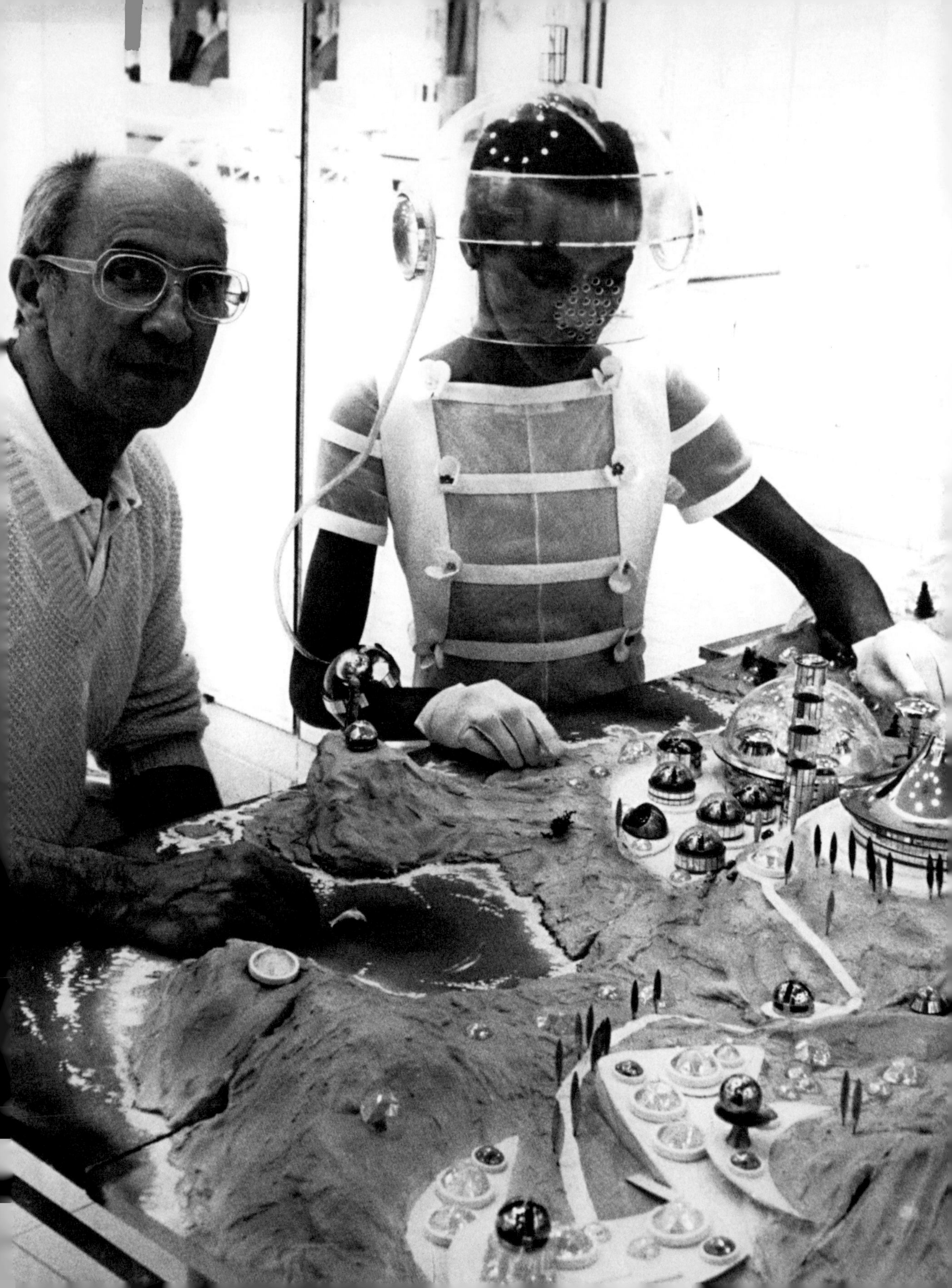

太空時代的時尚

太空競賽時代不僅在政治與科學上讓人著迷，也對時尚和流行文化產生了非常大的影響。就如蘇聯與美國在探索新世界，時裝設計師與流行歌星亦是如此。

1960年代的時尚受到太空旅行美學所啟發，也有了獨立的發展。太空時代的時尚是有趣的、玩世不恭的、具有整體性的，而且大多為單色的。它利用了其他流行趨勢，例如迷你裙與連身褲的出現，以及流線型的輪廓。黑白色調、鮮明輪廓與未來主義的設計，讓服裝與時尚領域迎來了嶄新的實驗時代。

太空時代風格之王，無疑是法國女裝設計師安德烈・庫雷熱（André Courrèges）。他自1960年代早期開始，就以雕塑般的高雅設計顛覆了時尚，他的設計往往向太空火箭一般潔白閃亮。他手中具有代表性的「月球靴」，只是他重新塑造阿波羅號太空服與太空旅行美學的一個例子。其他設計師的表現則比較直白，創造出類似月球表面、天體星座或月球與太空中其他物體形狀類似的織品圖案；舉例來說，英國女帽設計師愛德華・曼（Edward Mann）創造了頭盔形狀的「膠囊帽」，上面的圖案就是簡化的月球輪廓。1965年，在登月競賽最火熱的期間，甚至出現了一個太空主題的芭比娃娃（參考第20頁）。她頂著一頭淡金色的鮑伯頭，瀏海整整齊齊，光滑的銀白色太空衣比真正的太空衣纖細許多。

搖滾樂與流行音樂界也欣然擁抱這股風潮。大衛・鮑伊（David Bowie）在1969年的單曲與專輯《太空怪談》（*Space Oddity*）中巧妙塑造了虛構的太空人湯姆少校，並在1970年代創造出另一個稱為齊基星塵（Ziggy Stardust）的人格。鮑伊表演時的穿著與舉止就像個太空旅人，他常常穿著新銳設計師設計的奇裝異服。儘管鮑伊的作品具有視覺與音樂的娛樂價值，裡頭卻總是具有一種無可否認的疏離感與孤立感，恰與冷戰時期人類對未來的興奮感與對毀滅的恐懼所形成的矛盾相符。

安德烈・庫雷熱與模特兒（前頁）

攝影／Keystone Pictures USA 圖庫，1982年1月19日

法國時尚設計師安德烈・庫雷熱用現代材料如塑料來實驗，創造出受到太空時代啟發、具有未來感的合身服裝。他的服裝常搭配著直接從太空人制服取得靈感後重新設計的裝飾物，例如球形頭盔與靴子。

法國雜誌《藝術—品味—美》（Art-Goût-Beauté）時尚主題整頁插畫

模板印刷／作者不詳，1923 年

在這張出自法國精品雜誌《藝術－品味－美》的整頁插畫中，非寫實的星空與淡藍色的滿月，恰與優雅的晚禮服相輔相成。這種魅力十足的時尚是裝飾藝術時期的典型。

962 年美國西雅圖世界博覽會的時裝秀

攝影／世界歷史檔案館（World History Archive），約 1962 年

1962 年西雅圖世界博覽會的主題為「太空時代的生活」。登月競賽大大影響了當時的時尚，也許在舞臺設計比服裝更為明顯。

СССР

蘇聯太空人尤里・加加林（前頁）

↓

攝影／作者不詳，1961 年

尤里・加加林帶著太空頭盔微笑的形象，在蘇聯宣傳品中可說是無處不在，至今仍為廣大觀眾所熟悉。不幸的是，在成為第一個進入太空的人類以後僅僅過了7年，他就在一次訓練飛行中死於飛機失事。一年以後，尼爾・阿姆斯壯成了踏上月球的第一人。

安德烈・庫雷熱1969-70年冬季服裝

攝影／曼努埃爾・利特蘭（Manuel Litran），1969 年 7 月 28 日

安德烈・庫雷熱的「白色小洋裝」與短裙是他1960年代作品的特色。這個1960年代末期的冬季系列將這樣的美學化為針織品。按慣例，這套服裝配有白色手套、靴子與護目鏡，還有銀色腰帶與月亮形狀的扣子。

義大利拿波里梅勒百貨公司（E.A. Mele & Ci.）的廣告：男性新品

套色石印版畫／弗蘭茲·拉斯科夫（Franz Laskoff），1900 年

藍月的廣告：美國最美的絲襪（下頁）

套色石印版畫／作者不詳，1925 年

上圖與右圖：在整個20世紀早期，月亮是流行文化中最受歡迎的主題，為各種廣告增添了一抹情色與世故的色彩。

AMERICA'S MOST BEAUTIFUL
FULL FASHIONED
SILK STOCKINGS

Souvenir de Lausanne.

紙月亮

月球是如此具有象徵意義與物理意義的物體，以至於我們有時只想緊緊抓住這個地球衛星，忽略了其他的層面。然而，早期以月亮為主題的小說中，則有更多的幽默。第一部造訪月球的電影是喬治·梅里葉於1902年問世的《月球旅行記》，它是帶有許多打鬧逗趣的諷刺片（見第74-75頁）。

20世紀早期無疑是人們對月球非常感興趣的時期，這一點充分反映在通俗文化中。月亮是許多童話與民間故事繪本的關鍵主題，聖誕卡與情人節卡片也常出現看來俗氣的月亮圖案，還會搭配肥嘟嘟的嬰兒、天使般的孩童或小貓，這些在當時都非常受到歡迎。那也是廉價明信片的全盛時期，你出門時會從去過的地方寄明信片給朋友。許多名勝古蹟的明信片都出現月光下的場景，而且月亮常常是後來才加上去的。

在美國，有一種特殊類型的明信片流行了起來。在展覽會、嘉年華會與其他公共活動中，常有臨時的「紙月亮」攤位，人們可以在通常由紙板或膠合板作成的大月亮上擺姿勢拍照。大部分的紙月亮都是彎月形，因為這種形狀容易讓人坐或靠在上面。紙月亮的背景通常是全黑或星空，有些更精緻的會有額外的天體或雲朵，甚至將太空船融入設計，讓人想起梅里葉的電影場景。在這些攤位拍攝的照片，與在攝影師工作室拍攝的肖像明顯不同。許多是出遊時拍攝的浪漫情侶照、友人合照或家族合照。將它們結合在一起的，是輕鬆的氛圍與潛在的樂趣。

紙月亮照片最後變得非常流行，以至於被廣泛運用在廣告之中。專業工作室製作了一系列明信片，模特兒擺出更加優雅的姿勢。許多明信片都當作賀卡出售，而且往往帶有色情性質。

數十年來，紙月亮攤位一直是一種流行的娛樂型式，月球這個主題也歷久不衰。1933年，百老匯歌曲〈那只是個紙月亮〉（It's Only a Paper Moon）被寫了出來，並在幾年後因為艾拉·費茲潔拉（Ella Fitzgerald）和納·京·高爾（Nat King Cole）而廣為流傳。這首歌也出現在彼得·博格達諾維奇（Peter Bogdanovich）1973年的電影《紙月亮》裡，這是一部以大蕭條時期為背景的喜劇。電影的宣傳形象是由雷恩·歐尼爾（Ryan O'Neal）與塔圖姆·歐尼爾（Tatum O'Neal）飾演的兩名主角坐在背景為天藍色的白色紙月亮上。

〈來自洛桑的紀念品〉（前頁）

明信片／瑞士，1935年

一張瑞士明信片，以風景如畫的洛桑為背景，不過主題是一個快樂的度假者騎著腳踏車，騎在綁在彎月上的鋼索上。在20世紀初，月亮是個流行的主題，用來給知名旅遊景點注入一些樂趣與奇思怪想。

法國的紙月亮明信片

明信片／羅伊特林格工作室（Atelier Reutlinger），20 世紀早期

月亮明信片變得如此流行，以至於專業工作室如巴黎的羅伊特林格工作室也開始製作這樣的作品。在編導式攝影中，月亮通常被用來提供一種幻想元素。

《吻》（*The Kiss*）

銀鹽相片／赫爾伯特．拜爾（Herbert Bayer），1935 年

包浩斯人（Bauhausler）赫爾伯特．拜爾的攝影實驗經常運用合成照片的技術。在這張照片中，月光下的河流為背景，一對戀人擁抱的圖像以支離破碎的方式呈現，暗示著兩人的祕密約會。

以〈靜悄悄〉為題的插畫，出自法國詩人保羅・魏爾倫（Paul Verlaine）1928年版本的《雅宴》（*Fêtes galantes*）

模板印刷／喬治・巴比爾（Georges Barbier），1920年

滿月經常被拿來為浪漫場景定調。在著名法國插畫架喬治・巴比爾的這件作品中，月亮帶來一種隱祕的氛圍，幽靜的森林場景也強化了這種調性。

《弓張月》（*Bow Moon*）

彩色木雕版畫／歌川廣重，19 世紀

在歌川廣重的傳統日本雕版畫作品中，一輪新月在黎明時分低垂群山之間。伴隨這幅畫的詩，描述了月光略過森林的瞬間與湍急的水流。

〈佛羅里達熱帶月光下的皇家棕櫚大道〉

明信片／作者不詳，約 1950 年

邁阿密海灘著名的棕櫚大道，在月光下看起來與在陽光下一樣誘人。月亮吸引觀看者的目光，藝術家對透視法的運用也讓月亮元素更融入畫面中。

《一千零一夜，編號一》（*A Thousand and One Nights 1*）（下頁）

油畫，畫布／蘇亞德．阿塔爾（Suad al-Attar），1984 年

另一個引人注目的月亮：伊拉克藝術家蘇亞德．阿塔爾畫了一幅蔥鬱迷人的森林景象。她的作品受到中東藝術啟發，這幅夢幻般的畫作取名於著名的阿拉伯民間故事。

SUAD AL-ATTAR

威尼斯嘉年華的情侶

手工上色攝影／作者不詳，約 1924 年

一對在月光下親吻的情侶，黃色調映照在他們的節日服裝上。威尼斯嘉年華是一個盛大的慶典，有化妝舞會、遊行活動與街頭表演，一直進行到四旬期前夕才結束。

豪華熱帶度假酒店的情侶

絹印版畫／作者不詳，1947 年

相較於20世紀早期用月亮來象徵趣味與輕浮的旅遊明信片，這幅情侶在豪華度假勝地用晚餐的景象則傳達出禮節與教養。

《月球漫步》（*Moonwalk*）

絹印版畫／安迪．沃荷（Andy Warhol），1987 年

著名流行藝術家安迪．沃荷重新運用了伯茲．艾德林在阿波羅 11 號任務的代表形象。由於美國國家航空暨太空總署的圖像在世界各地廣為流傳，而且至今仍讓人記憶猶新，這對於作品專門探討媒體與名人的沃荷而言，是非常適合的主題。

義大利雜誌《大酒店》（*Grand Hôtel*）
第19期封面〈月亮與螢火蟲〉

水彩插圖／沃爾特．莫利諾（Walter Molino），1964年

這張義大利女性週刊的封面，帶給讀者浪漫的聯想。雜誌名稱位於月光場景的上方，插圖主題是在鄉間的一對情侶。

狼人

人類對黑暗的恐懼是一種原始的反應，這是一種權宜之計，因為許多可能傷害我們的事物如蜘蛛、蛇與其他動物都是夜行性的。除了真正的危險，人類長久以來也有許許多多想像中的生物與神話生物，都在黑暗中遊蕩，例如鬼魅與吸血鬼。其中有一個與月亮特別有關的神話傳說是狼人，一種人類（通常是男性）與狼的混合生物。

狼人傳說的起源已不可考，不過最有可能源自於早期歐洲文化；古希臘與古羅馬已有狼人傳說，早期日耳曼文化也有狼戰士圖騰。奧維德（Ovid）的《變形記》（*Metamorphoses*）是最早提到狼人的一個文本，其中講到萊卡翁（Lycaon）和他的孩子們，因為將一個孩子宰殺烹煮後供奉給宙斯神而遭受懲罰，被變成了狼。在其他地方，狼人詛咒可能是在披上受詛咒的毛皮時被觸發。

狼人民間傳說相當大程度上從中世紀開始發展，而與此同時，一般人也因為教會影響，對巫術有越來越歇斯底里的反應。差不多在這個時期，滿月之光觸發詛咒的想法開始廣為流傳，大概是因為人們相信滿月會引起精神障礙與可怕的超自然事件。在14至17世紀之間，大部分有關狼人傳說的文學作品，都涉及被指控犯下特別殘酷罪行的殺手。現在，我們在精神健康問題與可能的狂犬病，都可以有不同的解釋，而這些在當時並不被人們所理解，也因為大眾迷信而加深了恐懼。

狼人傳說在19世紀哥德式文學中大受歡迎，並在20世紀恐怖電影中找到新生命，不斷進步的特效技術帶給觀眾精彩的變形場景。1980年代是狼人歷史上一個特別的高潮，《美國狼人在倫敦》（*An American Werewolf in London*，1981年）的殘酷變身場景，以及麥可．傑克森（Michael Jackson）1982年《顫慄》（*Thriller*）音樂影片中的黃眼狼，尤其讓人印象深刻。在危險的野生動物即使沒有完全消失卻也稀少的時期和地方，狼人傳說持續流行的情形顯示人們對引起恐怖的事物有一種渴求，對人類受到詛咒變成野獸的故事也有一種歷久不衰的迷戀。

《狼人的詛咒》（*La Nuit du Loup-Garou*）電影海報（下頁）

套色石印版畫／蓋伊．傑拉德．諾埃爾（Guy Gerard Noel），1961年

《狼人的詛咒》於1961年由漢默電影公司（Hammer Film Productions）發行，該公司以1960年代與1970年代出品邪教恐怖片聞名。這部電影由影星奧利佛．李德（Oliver Reed）主演，他在滿月時會化身野獸，犯下殘暴與謀殺的罪行。愛是他所受詛咒的唯一解藥，這讓人想起經典恐怖題材故事中善惡對立的比喻。

LA NUIT du
LOUP-GAROU
(The Curse of the Werewolf)
avec CLIFFORD EVANS · OLIVER REED
YVONNE ROMAIN · CATHERINE FELLER
Universal International
Scénario de JOHN ELDER · Réalisation de TERENCE FISHER
Produit par ANTHONY HINDS · Producteur exécutif MICHAEL CARRERAS
EN COULEURS · INTERDIT AUX MOINS DE 13 ANS
UNE PRODUCTION HAMMER FILM DISTRIBUÉE PAR UNIVERSAL INTERNATIONAL
VISA MINISTÉRIEL DE CENSURE N°85

宮廷芭蕾《夜之舞》（*Ballet de la Nuit*）的狼人服裝，尚—巴蒂斯特．盧利（Jean-Baptiste Lully）設計（前頁）

水彩，紙／法國，約1653年

《夜之舞》是為了向又稱太陽王的法王路易十四致意而上演的宮廷芭蕾，整齣表演長達12小時，令人印象深刻，其中出現了神話中的神與女神，例如月神黛安娜與太陽神阿波羅（由路易十四親自扮演）。其他角色包括月神的戀人，名叫恩底彌翁（Endymion）的凡人牧羊人，以及一個狼人。狼人的服裝極其巧妙，如圖所示。

《沉睡的吉普賽人》（*The Sleeping Gypsy*）

油畫，畫布／亨利．盧梭（Henri Rousseau），1897年

夜晚的野獸以獅子的形態出現，獅子聞到了一個正在睡覺的曼陀林樂手的氣味。盧梭在描述這幅畫時，講到獅子並沒有攻擊女人，他認為是月光造成的意境效果。

電影《美國狼人在倫敦》（*An American Werewolf in London*）的海報與劇照（上圖與下頁）

海報、彩色印刷．劇照／環球影業，1981 年

狼人是野蠻與暴力的象徵，在滿月時會受到詛咒所召喚。蘭迪斯導演這部1981年的作品是20世紀狼人電影中值得注意的一部，後來也成為影迷眼中的經典。

精神失常

在關於月亮的許多謬論之中，有一個是認為月亮會影響到心理健康。英文詞彙「lunacy」或「lunatic」有精神錯亂或瘋子的意思，這意味著從一個人的愚蠢，到人們眼中的瘋狂或精神錯亂，都是地球的衛星所造成。人們認為各種月相，尤其是滿月，會觸發各種古怪行為與間歇性健康問題如癲癇、神經衰弱等，這樣的想法至少可以回溯到古希臘與古羅馬時期。人們已知月球會對水體造成影響，這也讓人相信，月球同樣也會吸引大腦中的水分，從而改變心理狀態。

後來，人們認為一個人的身體與心理健康取決於身體四種體液（血液、黏液、黑膽汁與黃膽汁）的平衡，而月亮的陰晴圓缺會改變這些體液的組成，導致非典型或偶發性的錯亂行為。當滿月與狼人傳說（本身可能是對精神失常的一種粗略解釋）的關係被聯繫起來的時候，我們可以說，自中世紀時期到19世紀其實並沒有多大改變，當時的英國有1842年的《精神錯亂法》（*Lunacy Act*），認定月相與一個人心理健康的改變有直接的關聯性。精神病機構開始被稱為「精神病院」，如最早在1407年就開始收治精神病患的倫敦貝瑟皇家醫院（Bethlem Royal Hospital）。在整個18與19世紀，這類機構越來越受歡迎，儘管他們的病人經常受到不人道的對待，有時會在特定月相期間被毆打，以防止月相變化觸發暴力行為。

這類機構曾有一位在死後才聲名大噪的病人，也就是畫家文森．梵谷（Vincent van Gogh）。1889年5月，梵谷在一次精神崩潰後，自願進入法國的聖保羅精神病院（Saint-Paul-de Mausole asylum）。這間精神病院的條件比大部分同類機構好得多，梵谷也能在那裡作畫。儘管健康狀況每況愈下，梵谷在那裡創作出一幅他最著名也最受喜愛的作品《星夜》，畫中有一輪突出的黃色彎月，映襯著一片墨藍色的漩渦夜空。

《星夜》（*The Starry Night*）（下頁）

油畫，畫布／文森．梵谷，1889年

梵谷著名的星夜，是他在聖保羅精神病院中創作的作品。這幅畫的特點是「晨星」金星，與一輪金黃色的彎月。在寫給他哥哥的一封信中，這位藝術家描述了他是如何發現夜晚「比白天更生動、色彩更豐富」。

「月亮對女性心靈的影響」

彩色木雕版畫／法國，17 世紀

過去的人們認為月亮會對人的心智產生影響，這種錯誤的想法很令人驚訝地持續了相當長的時間。在此處，月亮尤其對女性的心靈造成影響。女性的經期往往與月相有關，在這張圖中，月亮相位直接以個別新月的形式顯示在一群女性的頭上。

《月光下跳舞的精靈》（***Fairies Dancing by Moonlight***）

油畫，畫布／法蘭西斯・海曼（Francis Hayman），約 1740 年

藝術家法蘭西斯・海曼有為劇場作畫的背景，其中包括舞臺布景以及莎士比亞戲劇的書籍插圖。在這張圖中，我們可以從構圖與主題看到舞臺對其作品的影響。精靈常被描繪成在月光下的樹林裡狂歡，跳著舞並演奏樂器。

Arthur Rackham

《月光下的林中仙女》（*Moonlight Fairies in a Wood*）（前頁）

筆墨、水彩、不透明水彩，紙／亞瑟．拉克姆（Arthur Rackham），20 世紀

著名英國書籍插畫家亞瑟．拉克姆主要以為兒童文學繪製的幻想作品而聞名。在這片僻靜的林地中，一輪滿月低掛空中，照亮了一片空地，那兒有兩名仙女，其中一名在演奏樂器。

《亡靈》（*Dead Souls*）

油畫，畫布／彼得．尼可萊．阿爾波（Peter Nicolai Arbo），1866 年

阿爾波是挪威畫家，其作品深受挪威神話的啟發。他在這件作品中描繪了神話裡的狂獵，死靈在夜空中蜂擁奔騰。人們認為，看到狂獵是不好的兆頭。

《在靠近巴納德城堡的發球臺上》（*On the Tees, Near Barnard Castle*）（前頁）

不透明水彩、水彩，紙／約翰．阿特金森．格林姆肖（John Atkinson Grimshaw），約 1866 年

約翰．阿特金森．格林姆肖是維多利亞時期畫家，當時許多藝術家都在努力描繪情緒與氛圍，而月亮經常出現在這樣的作品中，用以象徵憂鬱或不祥。格林姆肖的月夜場景備受讚揚，我們可以在這片詭譎的景色中感受到他駕馭光線的能力。

《月光，木島之光》（*Moonlight, Wood Island Light*）

油畫，畫布／溫斯洛．霍默（Winslow Homer），1894 年

美國藝術家霍默與格林姆肖差不多時期，以戲劇性十足的海景畫聞名，他的主題就是海洋本身的力量。在上面這幅畫中，月亮被朦朧的雲層遮蔽，卻巧妙地照亮了前景的岩石和靜止在半空中的海浪。

超級月亮

在天文學中，事物很少是對稱的。像地球這樣的行星和月球這樣的衛星，都不是圓球形。它們的路徑與軌道都是稍微拉長的圓形或橢圓形。這些軌道本身又是傾斜的，是第三種偏離完美的角度，整個效果結合起來，造成行星與衛星在天空中的外觀與位置不斷改變。

約翰尼斯・克卜勒（Johannes Kepler）在400多年前初次描述了這一點——令人訝異的是，相較於圓形軌道，這讓預測太陽、月亮和行星在特定時間出現的位置變得更容易。同樣的推測也讓天文學家能計算出月球與地球之間不斷變化的距離。

每個（朔望）月，月球會完整繞行橢圓形軌道一圈，其外觀從完全看不到的新月，逐漸變成明亮的滿月，然後再慢慢變回新月。按每年中的不同時間，月亮在一個月中不同時間點出現在天空中的位置會變高或變低，而橢圓形軌道則意味著它與地球的距離變化高達5萬公里。

月亮離地球最近的近地點，在最近時距離稍大於35萬6千公里。近地點遇上滿月時，月亮看來更大更亮，有時被稱為「超級月亮」。這可能被誇大了，因為近地點的月亮只比遠地點（離地球最遠）大了約14%，不過經驗豐富的觀察者確實注意到大小上的顯著差異。亮度的增加是一種微妙的變化，因為人眼非常擅於補償光照強度的變化（只要想想我們如何從陽光調整到晚上光照適度的房間就可以理解）。另外還有一個物理效應，則是海洋潮汐範圍略有增加，這是因為月球離地球較近時引力增加的結果。

更加明顯的是所謂的「月亮錯覺」。當月亮低掛地平線上時，看起來比高掛空中時大得多。這種效果非常明顯，而且令人驚訝的是，對這個現象的解釋仍有爭議。希臘哲學家亞里斯多德早在公元前4世紀就已描述了月亮錯覺，他認為地球的大氣層不知為何成了月亮的放大鏡。最近的觀點包括「大小恆常性」，也就是說，我們覺得月亮離地平線近時距離我們比較遠，因此假設它比較大，不過另一種理論則認為，我們認為月亮離地平線近時距離我們比較近。無論如何，一張照片很快就證明，無論月亮在天空中有多高，它的大小基本上是一樣的。

《6點48分的月落》（*Moonset at 6.48 a.m.*）（前頁）

攝影／安德烈亞・雷曼（Andrea Reiman），2017年

攝影師可以運用長鏡頭來誇大「月亮錯覺」（當月亮越接近地平線時，在天空顯得越大）的效果，長鏡頭可以讓遠處的物體顯得更大。這被稱為「遠攝壓縮效應」，若使用得當，可以創造出戲劇性十足、看似不真實的月亮圖像。

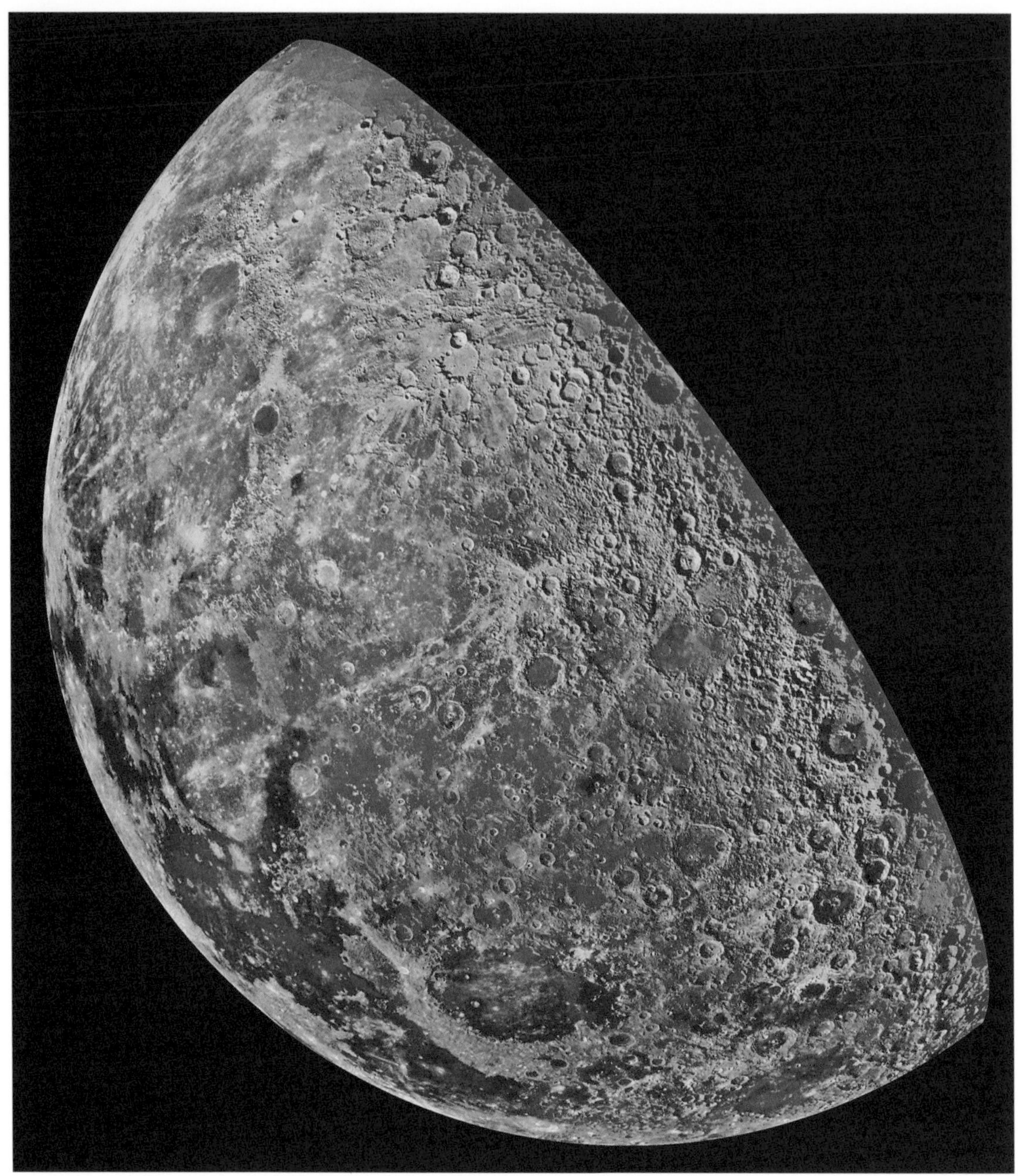

月球北半球的地質變化

透過 3 個濾光以 53 幅圖像製作的假色馬賽克／
美國國家航空暨太空總署伽利略號探測器，1992-96 年

這張假色馬賽克圖呈現的是月球的北半球。在左下角的區域，深藍色為寧靜海（阿波羅 11 號鷹號登月艙降落處）。粉紅色區域表示高地，最亮的藍色區域顯示出最近期的撞擊事件。

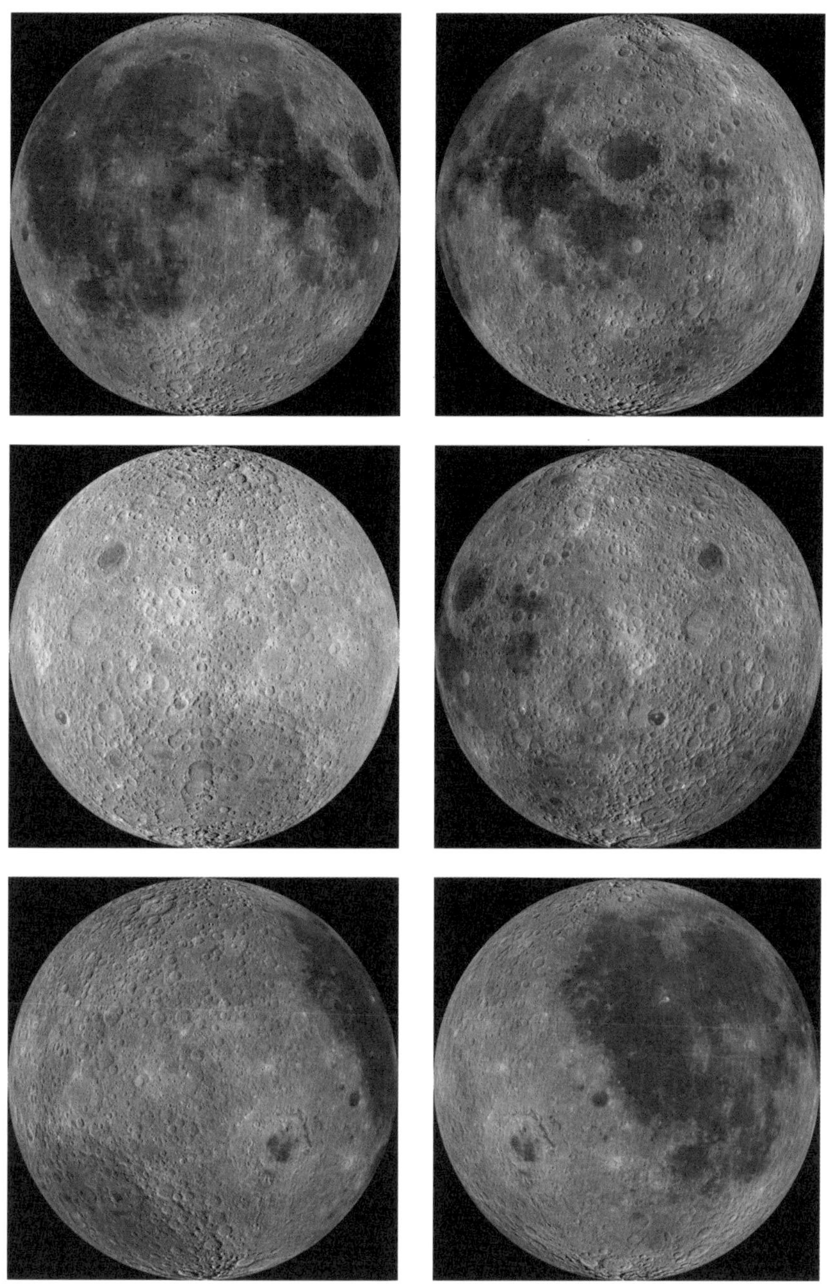

月球背面與四周

攝影／美國國家航空暨太空總署，月球勘測軌道飛行器相機，2011年

1959年，蘇聯的月球3號太空船初次拍攝到月球背面的照片，月球背面的景象終於展現在世人眼前。月球背面的景觀與永遠正對地球的月球正面完全不同。最值得注意的是，月球背面的月海比較少也比較小。這可能是因為月球背面的地殼較厚，意味著造成月球「海洋」的古代火山爆發在這裡比較少發生。

月相

儘管五分之二的月球表面是從地球永遠看不到的，我們每個月都還是能看到月球繞地球公轉時的外觀變化。在大約29.5天的時間裡（這個數字會因為月球與地球軌道的形狀而有所變化），月球會完成一個相位週期。這就是所謂的朔望月，指兩個新月（或兩個滿月）之間的時間長度。

月球位於地球與太陽之間的時候，被稱為「新月」。除非發生日食，讓月球的輪廓清晰可見，否則這個時候的月球是肉眼看不見的。從地球上看不到的月球背面，在正午會被完全照亮，不過面對地球的月球正面則是月球的黑夜，除了可能從地球反射的光線以外，幾乎沒有光線抵達。

一兩天後，月球移動了足夠遠的距離，於是在西半球的天空，又彎又細的新月會被陽光照亮，在日落後短暫可見。伊斯蘭月曆就是以這個「第一眼」為準，標示出每個月的開始。傳統上，實際看到新月是非常重要的，不過在現代世界，穆斯林信徒往往樂於接受理論上卻也非常準確的預測／尤其是在天空經常被雲層覆蓋的北歐地區。

每天晚上，弦月都會越變越厚，面對地球的月亮半球有更多區域被照亮，月落的時間也越來越晚。通常，仍處於月球黑夜的地區也會被照亮，不過是被從地球反射的陽光照亮，也就是所謂的「地照」（earthshine）。透過望遠鏡，月球的明暗界線勾勒出山脈與環形山的輪廓。從我們的角度來看，明暗界線會隨著月球的旋轉向東移動，更多可見表面會被太陽照亮。在明暗界線附近，山脈與環形山的山壁投射出長長的陰影，讓這些特徵浮現出來。

上弦月約出現在第7天，月亮的可見部分約有一半會被照亮。接下來的幾天則是盈凸月，然後在新月之後14天達到滿月，而且整夜可見。滿月看起來很亮、少有陰影，不過月球表面通常只會把照射光線的13%反射出去，這個比例與道路上的柏油類似。此時，望遠鏡裡只能看到非常淡的環形山與山脈痕跡，明亮的白色輻射線條顯示出年輕隕石撞擊坑撞擊碎片噴射的路徑。

滿月過後7天，下弦月會在子夜過後逐漸顯現，環形山與山脈的線條再次變得明顯，陰影與上半月的方向相反。大約一星期後，新月再次出現，週期重新開始。

「月相」：1708年版《和諧大宇宙》（*Harmonia Macrocosmica*）圖19（下頁）

手工上色銅版畫／安德烈亞斯・塞拉里烏斯（Andreas Cellarius），1708年

安德烈亞斯・塞拉里烏斯的《和諧大宇宙》是將所有已知宇宙學理合併在單一一卷出版品的圖集，製作精美且野心十足。它跨越了1500年的知識與推斷，時間可以回溯到古希臘時期。

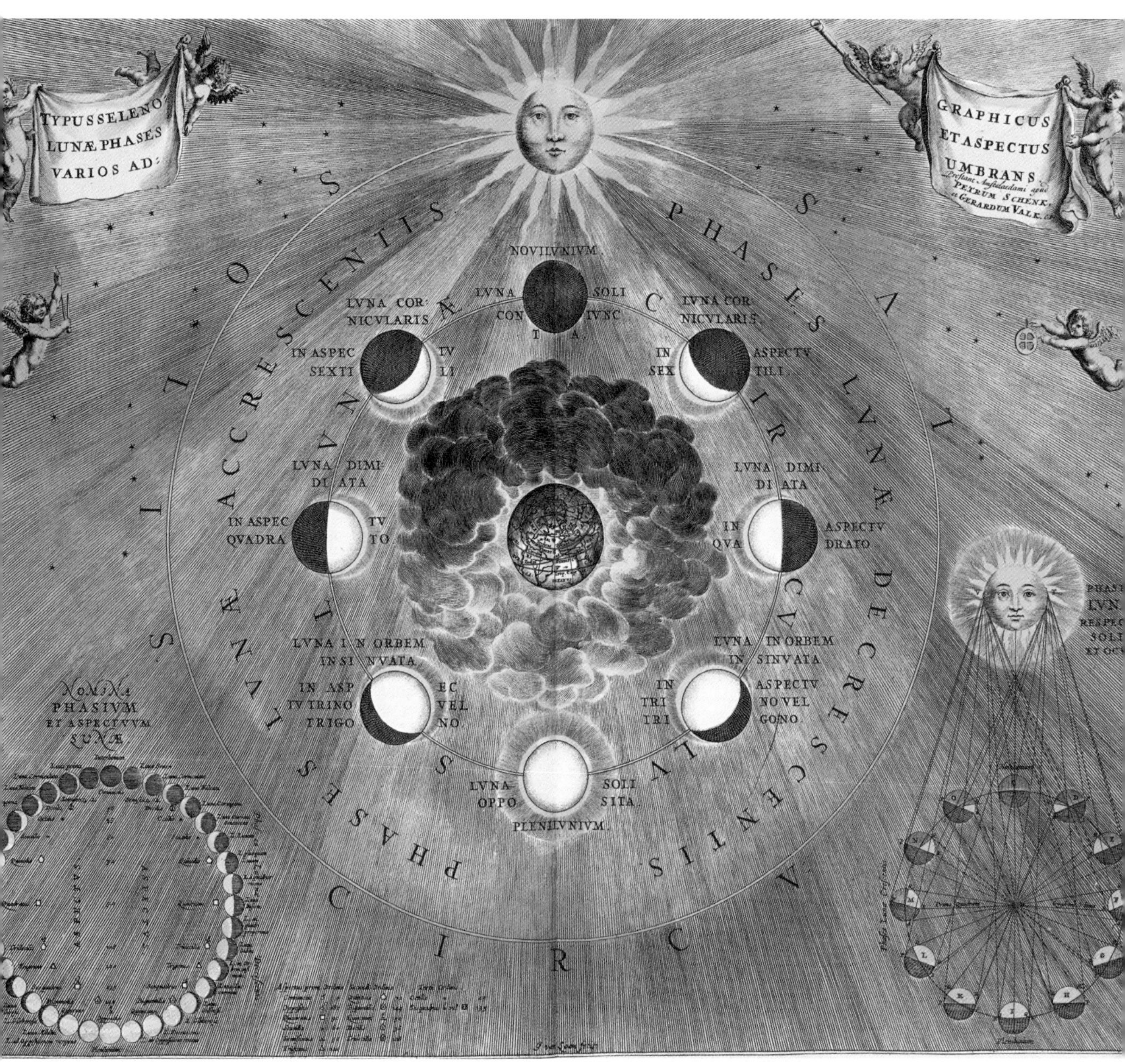
TYPUS SELENO
LUNÆ PHASES
VARIOS AD:
GRAPHICUS
ET ASPECTUS
UMBRANS
PETRUM SCHENK,
GERARDUM VALK.
NOVILUNIUM.
LUNA SOLI
CON IUNC
T A.
LUNA COR:
NICULARIS.
IN ASPEC TU
SEXTI LI
IN ASPECTU
SEX TILI.
LUNA DIMI
DI ATA
IN ASPEC TU
QUADRA TO.
IN ASPECTU
QUA DRATO
LUNA IN ORBEM
IN SI NUATA
IN ASP EC
TU TRINO VEL
TRIGO NO
IN ASPECTU
TRI NO VEL
TRI GONO
LUNA SOLI
OPPO SITA.
PLENILUNIUM.
PHASES LUNÆ ACCRESCENTIS
PHASES LUNÆ DECRESCENTIS
SITUS
CIRCULI
NOMINA
PHASIUM
ET ASPECTUUM
LUNÆ

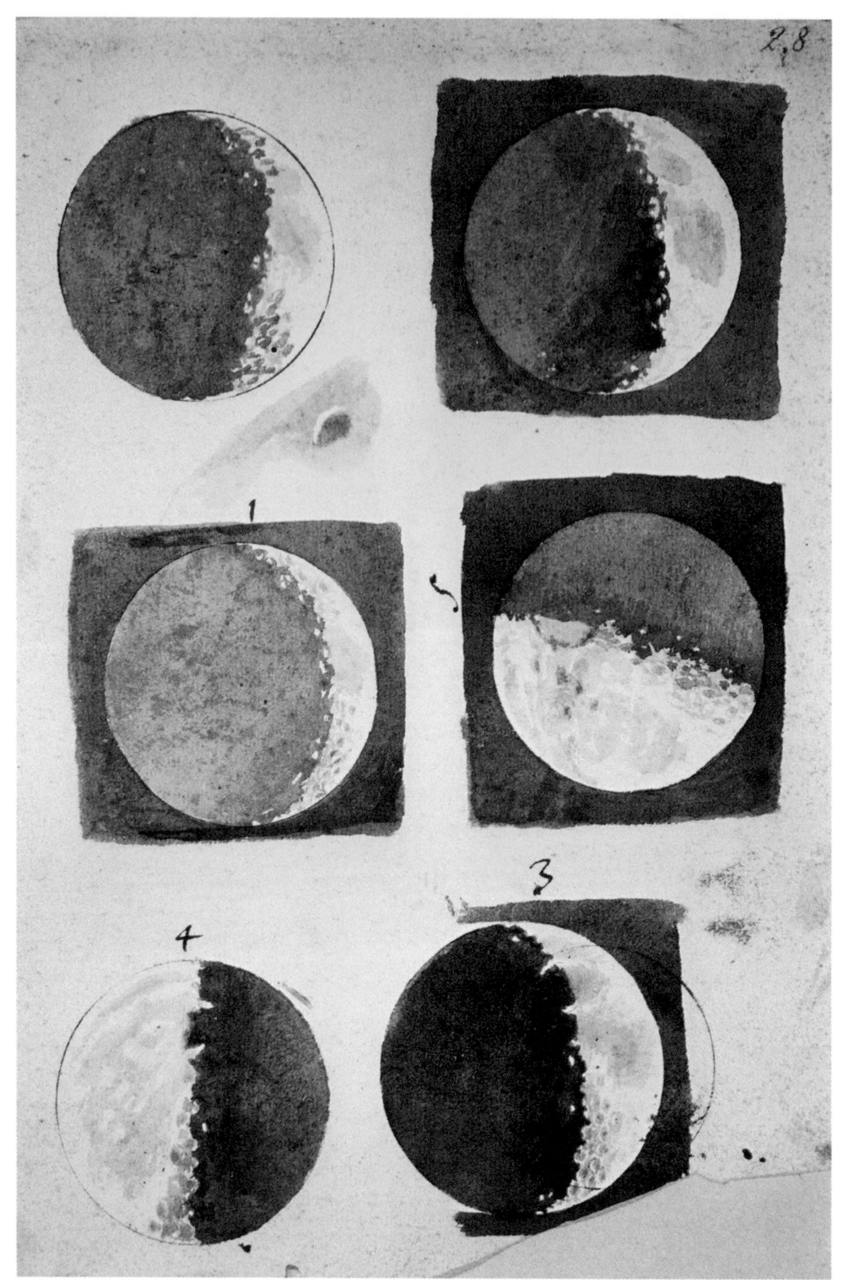

月相，出自《星際信使》(*Sidereus Nuncius*)

手稿／伽利略．伽利萊（Galileo Galilei），1610 年

巴林．托馬斯．哈里奧特（Barring Thomas Harriot）的繪圖（參考第172-173頁）。伽利略的《星際信使》是有史以來第一部關於月亮的科學著作，以望遠鏡觀測為根據。

《月光下的植物》（*Pflanzen im Mondschein*）

水墨、水彩，紙／保羅．克利（Paul Klee），1929 年

月亮在保羅．克利的作品中出現過很多次，最著名的是1933年的《滿月之火》（*Fire at Full Moon*）。在這裡，一輪新月高掛在淺藍色天空中閃爍著，照亮了狀似人形的奇異植物。

《月亮的臉》（*Face of the Moon*）（前頁）

粉彩，紙板／約翰．羅素（John Russell），1793-97 年

羅素以粉彩畫出生動的上弦月，詳細描繪出月球表面海洋與環形山的輪廓。

「觀察於1874年10月24日的月偏食」，出自《特魯夫洛天文圖》（*The Trouvelot Astronomical Drawings*）第7幅整頁插畫

套色石印版畫／E．L．特魯夫洛（E. L. Trouvelot），1881-82 年

特魯夫洛在他有生之年創作了大約7,000幅天文圖。他最著名的15幅粉彩畫被集結成《特魯夫洛天文圖》出版，上面的月偏食圖為其中一幅。

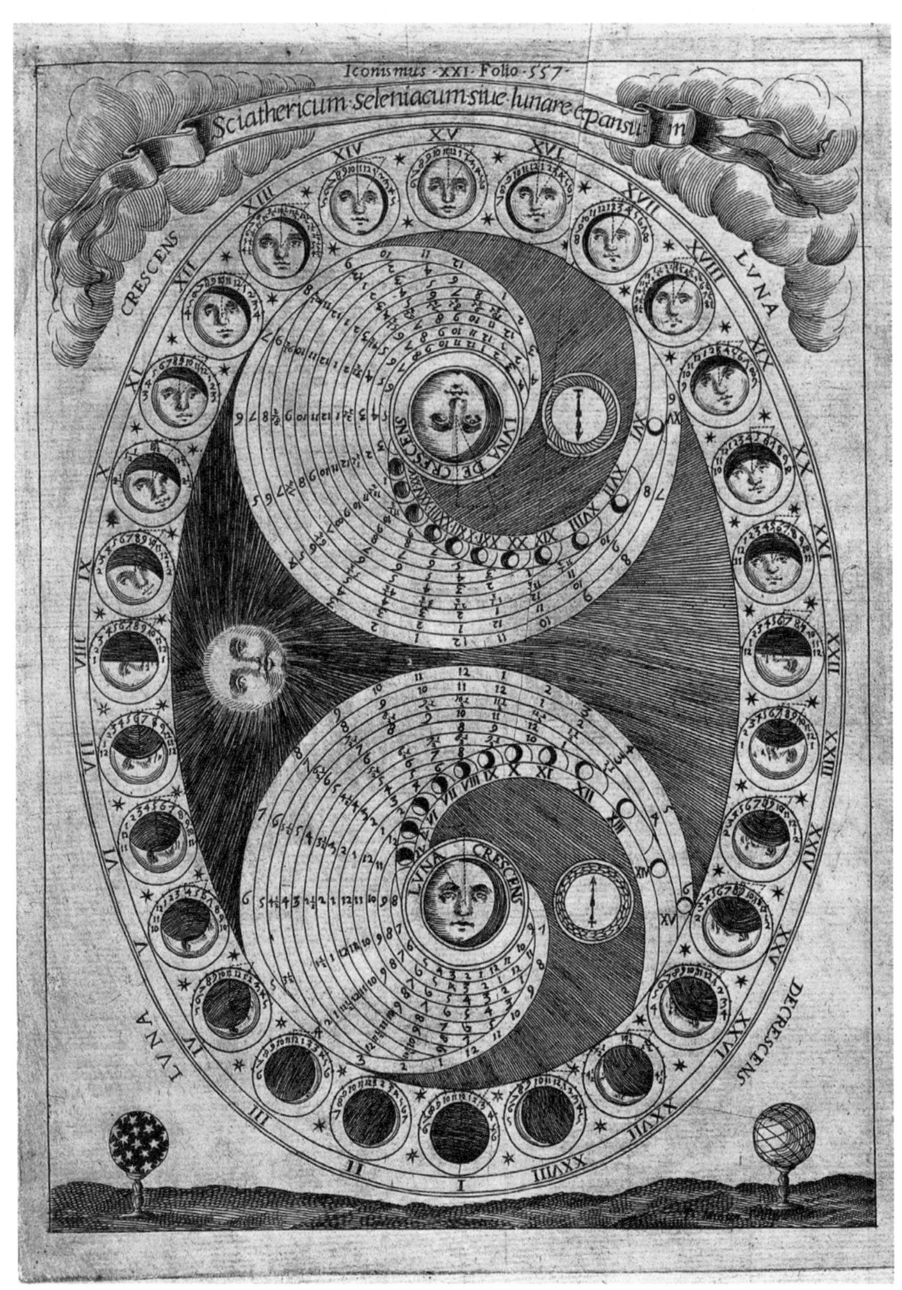
Iconismus ·XXI· Folio·557·
Sciathericum·seleniacum·siue·lunare·expansum
CRESCENS LVNA
LVNA DECRESCENS
LVNA DECRESCENS
LVNA CRESCENS

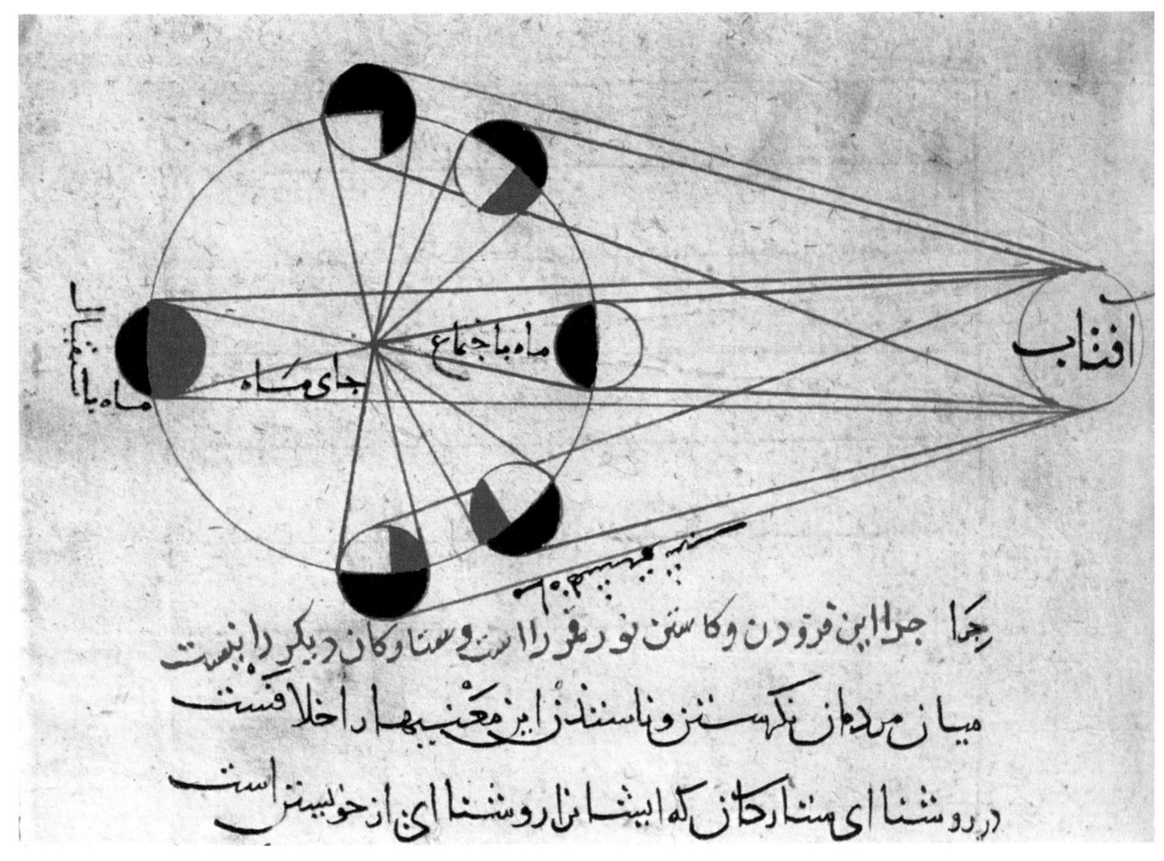

「月晷，或月相形成的過程」(Sciathericum seleniacum sive lunare expansivium)，出自阿塔納修斯．基歇爾(Athanasius Kircher)的《光線與陰影的偉大藝術》(*Ars Magna Lucis et Umbrae*)(前頁)

雕版畫／P. 米奧特(P. Miotte)，1646 年

這張出自阿塔納修斯．基歇爾《光線與陰影的偉大藝術》的整頁插圖詳細展現出月球的相位。邊緣周圍是28個擬人化的月相，內部的螺旋則顯示出月亮出現在天空中的時間，上方為月形漸虧階段，下方為月形漸盈階段。

不同月相的天文圖解

繪圖／比魯尼(Al-Biruni)，11 世紀

比魯尼是伊斯蘭黃金時期的伊朗學者暨博學家，伊斯蘭黃金時期是天文學與其他科學有長足發展的時期。比魯尼研究太陽、月亮與行星的運動，曾寫過數百本有關天文學與數學的著作。

月球南極艾托肯盆地地形圖（Topographic map of the Moon's South Pole, Aitken Basin）

彩色浮雕／美國國家航空暨太空總署，2014 年

月球南極的艾肯托盆地位於月球背面，是月球表面最大的撞擊坑，也是太陽系中最大也最古老的隕石坑。紫色與深藍色的區域為地勢較低的中心。

《月球地圖》（*Moon Map*）

雕版畫／喬凡尼．多美尼科．卡西尼（Giovanni Domenico Cassini），1679 年

卡西尼據稱是最早繪製月球科學地圖的人，詳細描繪了月球的山脈、環形山與海。不過，他也在地圖裡放了一名女性的小像，這個頭像出現在地圖中央偏下的環形山裡，除此以外，圖的左下還有一個心形。

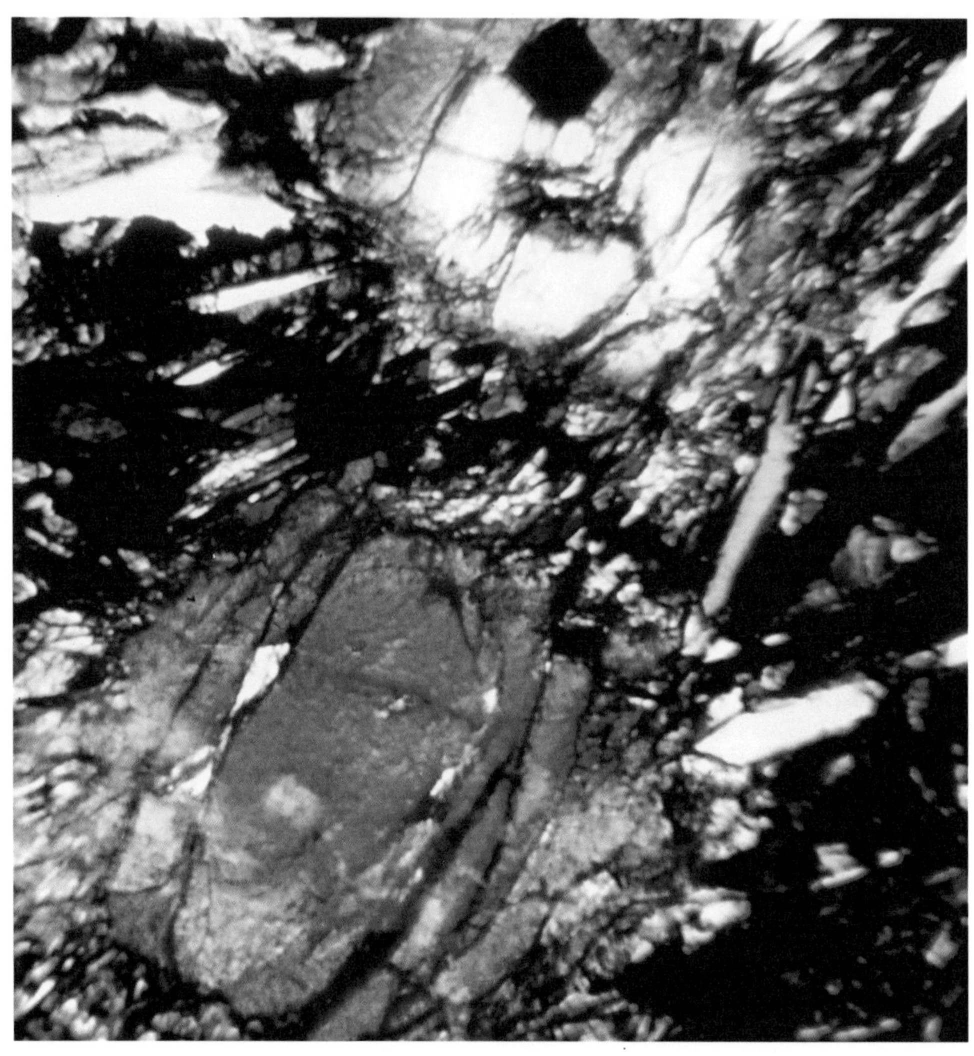

月球岩石切片的顯微觀察，樣本由阿波羅12號太空人採集

顯微攝影／美國國家航空暨太空總署，1969年

阿波羅12號為第二次登月任務。太空人查爾斯・康拉德（Charles Conrad）與艾倫・賓（Alan Bean）採集了月球岩石與土壤的樣本，幫助科學家了解月球表面的地質情況。

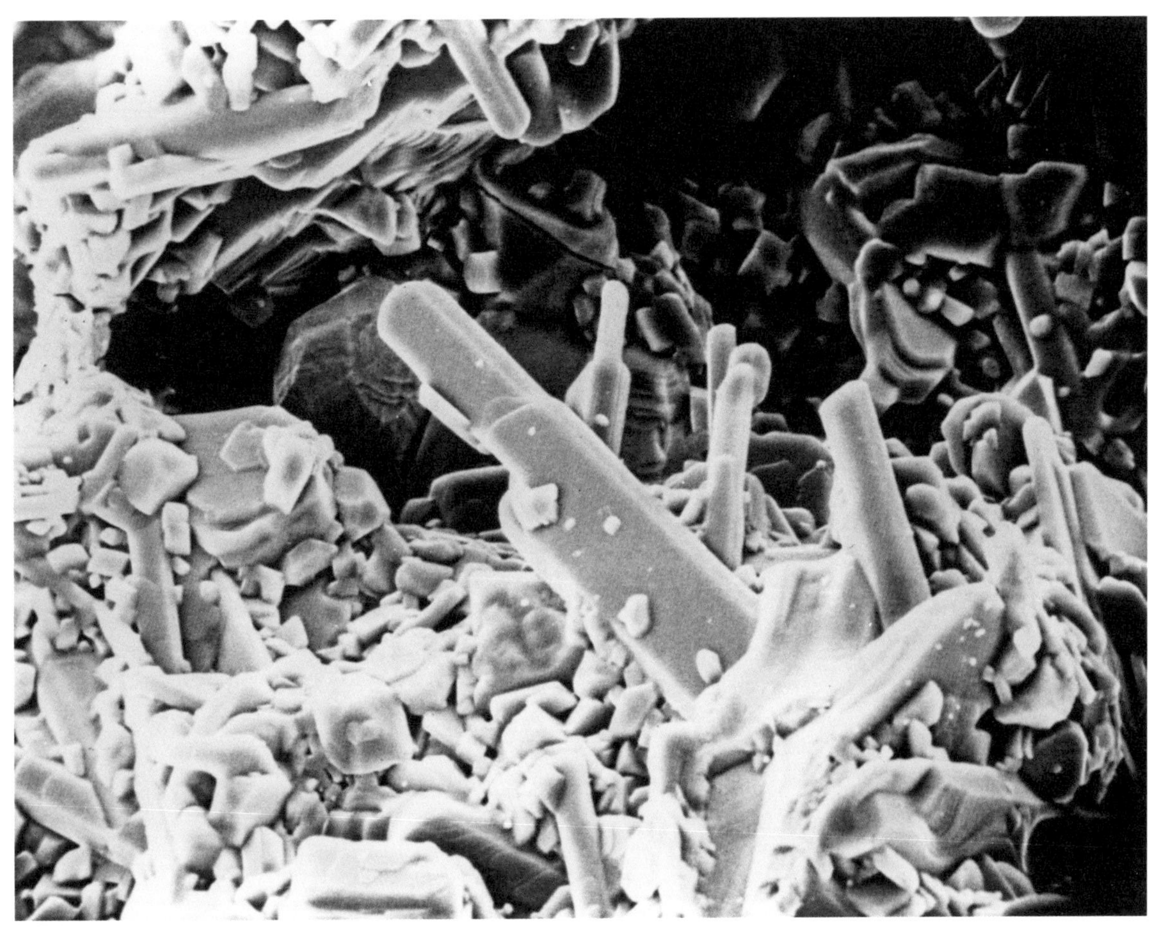

月球岩石碎片內洞中結晶的顯微觀察，樣本由阿波羅14號太空人採集

顯微攝影／美國國家航空暨太空總署，1971年

在阿波羅13號任務中途失敗以後，阿波羅14號成為第3個登陸月球的任務。太空人艾倫．雪帕德（Alan Shepard）與艾德加．米契爾（Edgar Mitchell）在兩次艙外活動中採集到超過40公斤的月球岩石樣本。

月球熔岩隧道：未來的棲息地？

月球古代熔岩流的證據，即使是在地球上，用中型望遠鏡就能觀察到。被稱為「月溪」的溝渠早在18世紀就有記錄，標誌著岩漿（液態岩石）曾經從月球內部噴發出來的地方，然後炙熱熔岩強行穿過岩石，在月球表面刻劃出一條路徑。有些溝渠可能形成地下隧道，隧道上方是數百公分厚的堅硬岩石，隧道本身的直徑更有可能達到數百公尺。

自1960年代以來，這些熔岩隧道一直是人們思考推斷的對象。讓它們如此有趣且重要的，是它們作為人類未來棲息地的潛力。若這些溝渠在形成以後乾涸，就如地球上的類似地形特徵一樣，那麼遺留下來的巨大空心管可能成為未來月球基地的關鍵部分。

月球的環境很危險。月球居民一開始會需要從地球把所有補給品帶過去，以面對一個沒有食物的世界所帶來的挑戰，那裡唯一豐富的水源被鎖在冰凍的極地環形山裡，而且大氣幾乎不存在。這些居民與他們帶去的設備還將面臨太陽射線與宇宙射線，溫度變化介於華氏零下279度到261度（攝氏零下173至127度）的環境，還有小型隕石的撞擊。熔岩隧道將是抵禦這些危險的天然屏障，甚至可能讓公營與私營部門的合作夥伴能夠承擔起啟動第一個地外建築計畫的風險。

月球圖像中的「塌陷坑」證明了空的熔岩隧道確實存在。這些坑洞顯示，隕石在熔岩隧道上方砸出了洞，讓下面的空隙暴露出來。日本的輝夜姬號與美國國家航空暨太空總署的月球勘測軌道飛行器，都在月球風暴洋的馬利厄斯丘陵（Marius Hills）發現了一個寬65公尺深80公尺的坑，這個坑顯然是一個數百碼寬的熔岩隧道的天窗。後續的雷達觀察證實同地區確實有熔岩隧道存在，以便未來任務進行更詳細的探索。

瑟斯頓熔岩隧道（Thurston lava tube, Hawaii）（下頁）

攝影／道格拉斯．裴博思（Douglas Peebles），2014年

科學家希望月球也和地球一樣，有熔岩隧道的存在，這些熔岩隧道可以為未來的月球棲息地提供基礎。

月球岩石切片的顯微觀察，樣本由阿波羅12號太空人採集

顯微攝影／美國國家航空暨太空總署，1969年

我們很難相信這幅彩色馬賽克是月球岩石的圖像。透過偏光顯微鏡來拍攝岩石切片，可以產生這種驚人的效果。

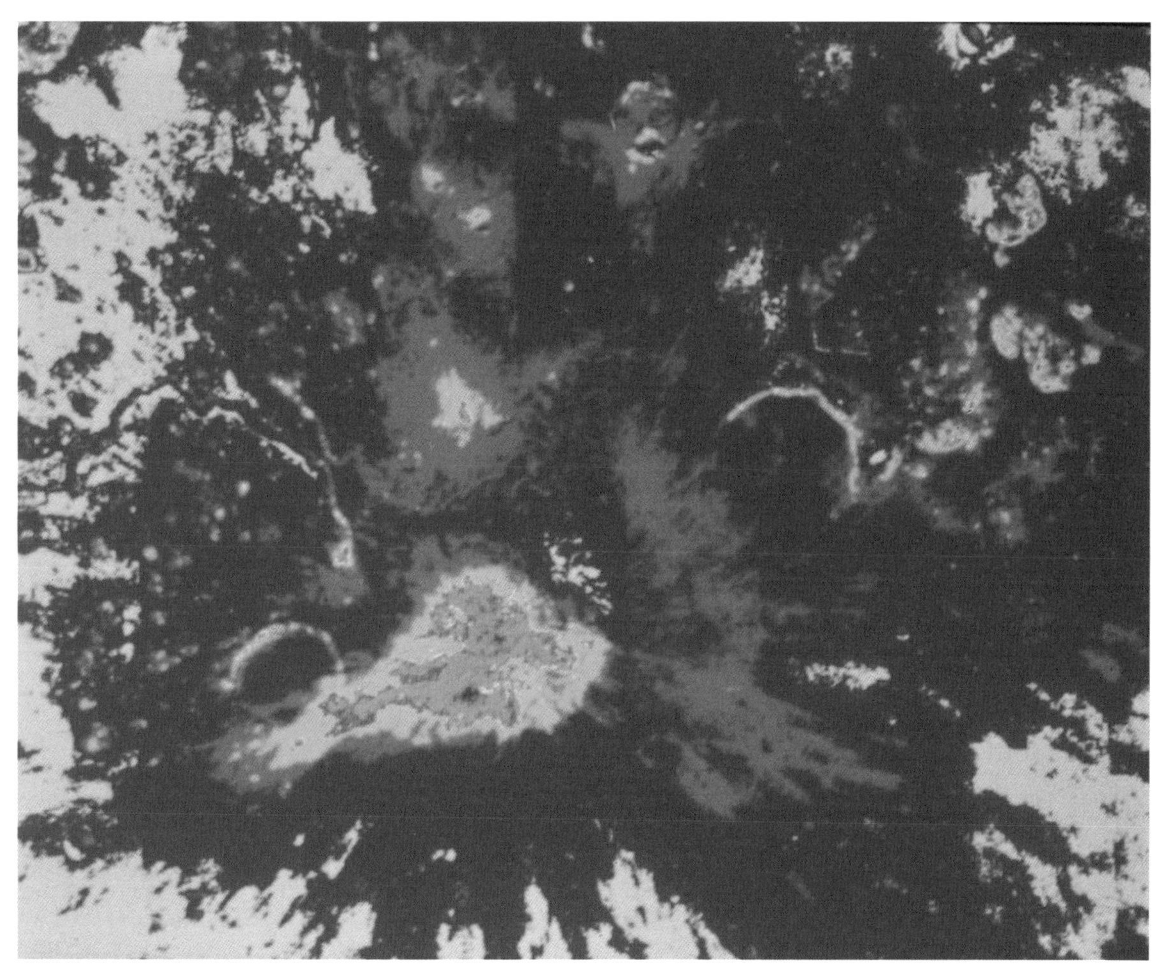

阿里斯塔克斯隕石坑的鐵資源分布圖

彩色地質圖／美國國家航空暨太空總署，1994 年

阿里斯塔克斯隕石坑（Aristarchus plateau）是月球景觀最有趣的一個特徵，對有興趣重返月球的人來說尤其如此。該地區富含與火山噴發有關的火成碎屑沉積，其中包括氫、氧、鐵、鈦等有用的元素。上面的地圖顯示出該地區的鐵元素含量。

月亮大騙局

1835年8月，《紐約太陽報》(*New York Sun*)發表了一系列描述發現月球生命的惡作劇文章。該報聲稱，這些引起轟動的發現是天文學家約翰·赫歇爾爵士(Sir John Herschel)，而赫歇爾爵士當時駐紮在距離遙遠的南非好望角，不太可能注意到《紐約太陽報》的報導。

新上任的編輯理查·亞當斯·洛克(Richard Adams Locke)後來承認這是個騙局，它可能是受到約翰·赫歇爾的父親威廉·赫歇爾爵士(Sir William Herschel)的啟發，威廉·赫歇爾是位開創性十足的天文學家，他確實曾在18世紀末描繪過自己的月球觀察，相信自己曾看到樹林、森林與田野。洛克也可能是受到埃德加·愛倫·坡(Edgar Allan Poe)在同年早些時候發表的一篇短篇小說影響，文中描述一名荷蘭探險家乘坐熱氣球前往月球，在那裡遇到「醜陋的小人」。

洛克將這個騙局看作諷刺的工具，專門針對那些深信月球與其他星球確有地外生命的作家。他特別鄙視天文學作家托馬斯·迪克(Thomas Dick)，迪克曾經建議在西伯利亞建造一座大到可以從月球上看到的巨大設備，藉此向月球居民發出信號，希望那些生物會發出回應。

根據《紐約太陽報》的文章，赫歇爾爵士發現了「其他太陽系裡的行星」，而且「幾乎解決或修正了數學天文學中的所有主要問題。」然而，這些成就完全比不上他在月球研究方面的成果。文章的描述非常詳盡。接連一週的時間，6篇文章描述了月球的花、樹木、湖泊、巨大晶體、成群飛鳥，以及鹿群和羊群等，顯然都是年輕的赫歇爾透過一架直徑7公尺的大型望遠鏡所觀察到的成果。(這個尺寸幾乎可媲美目前使用的最大型望遠鏡，不過這些望遠鏡全都是使用鏡子，因為要製作出此種規模的有效透鏡幾乎是不可能的。)倒數第二篇文章甚至討論到「蝙蝠人」，一種長著翅膀、顯然在交談的智能類人生物，以及被毀寺廟的遺跡。

赫歇爾在1835年晚些時候知道了這個惡作劇，一開始還能幽默以待。然而隨著時間推移，他開始向姑媽天文學家卡洛琳·赫歇爾(Caroline Herschel)抱怨，說自己被那些信以為真的人來信糾纏——這種情況對今日挑戰偽科學的研究人員來說，是再熟悉不過了。

「月球動物與其他物體」(前頁)

石印版畫/班傑明·戴(Benjamin Day)為《紐約太陽報》創作，1935年

在這幅藝術家對偽造月球發現的詮釋中，山谷中滿是「蝙蝠人」、獨角獸與其他想像出來的外星生命體。

伊斯蘭教與月亮

月球和其他天體如恆星和太陽，在宗教與政治團體中具有非常重要的象徵性。具有普遍性、永恆性且引人注目的美麗物體和形狀，有助於信仰與其他歸屬形式的視覺表達，這也解釋了在世界旗幟中星星為何經常被引為主題的原因。

與其他宗教相形之下，伊斯蘭教與鐮刀型新月有著更加緊密的關係，而且這輪新月通常與五角星一起出現，五角星往往位於新月的端點之間。不管有沒有星星，我們常會在許多伊斯蘭建築的尖塔與圓頂上看到新月形，而且好幾個伊斯蘭國家的旗幟上同樣也高掛著新月。很重要的是，伊斯蘭教的齋月就是從伊斯蘭年第9個月的新月開始，到下一個新月的開齋節結束。由於伊斯蘭教遵循陰曆，齋月每年會提早11天開始，齋戒時間會落在不同的季節，許多穆斯林在開齋節（亦即「打破齋戒」）會很直接地凝視著天空，等待新月出現。

然而，月亮與伊斯蘭文化之間的故事是有些曲折的，而且現在的穆斯林世界也不把月亮當成標準或國際公認的象徵。月亮與伊斯蘭文化之間的關聯性，也並非我們想像中的那麼長久。月亮第一次正式成為伊斯蘭文化的象徵是在1453年，當時的土耳其征服君士坦丁堡（現今的伊斯坦堡），結束了基督教的拜占庭帝國。選擇新月與一顆星星作為土耳其國旗「星月旗」，也許源自於鄂圖曼神話，最早記錄於君士坦丁堡淪陷的同一個世紀。據傳，13世紀鄂圖曼帝國開創者奧斯曼一世曾做過一個預言夢，他在夢中看到一輪滿月從一位聖人的胸膛升起，然後在自己的胸膛落下，從中長出一棵樹／象徵著他將建立的新帝國。

一些20世紀學者認為，阿拉在前伊斯蘭時期可能是月神，不過這個理論廣受批評。就天體意象在穆斯林象徵手法中的正面意義，更可能的解釋是，天體圖是海陸航行的重要指引，也是自然的計時器，在人工照明與現代科技出現之前，對人類而言是非常重要的支柱。

東倫敦白教堂路的東倫敦清真寺（下頁）

尖頂飾／約翰吉爾建築師事務所（John Gill Associates），1983年

伊斯蘭教的彎月符號座落在這座東倫敦清真寺的尖塔上。清真寺圓頂上還有另一個彎月裝飾。

義大利西恩納主座教堂地板的彎月形裝飾

馬賽克／義大利，14-16 世紀

義大利西恩納主座教堂（Siena Duomo）的大理石地板是該景點一個吸引人的地方。除了這幅新月馬賽克以外，教堂地面還有超過 50 幅描繪歷史與聖經場景的嵌板。

《藍鳥》（下頁）

套色石印版畫／喬治．布拉克（Georges Braque），1961 年

喬治．布拉克筆下在夜空中飛翔的兩隻鳥，是能展現野獸派所喜愛的簡化形式與大膽用色的絕佳範例。畫中的星星與新月看來粗糙，不過整體效果令人愉悅。

G Braque

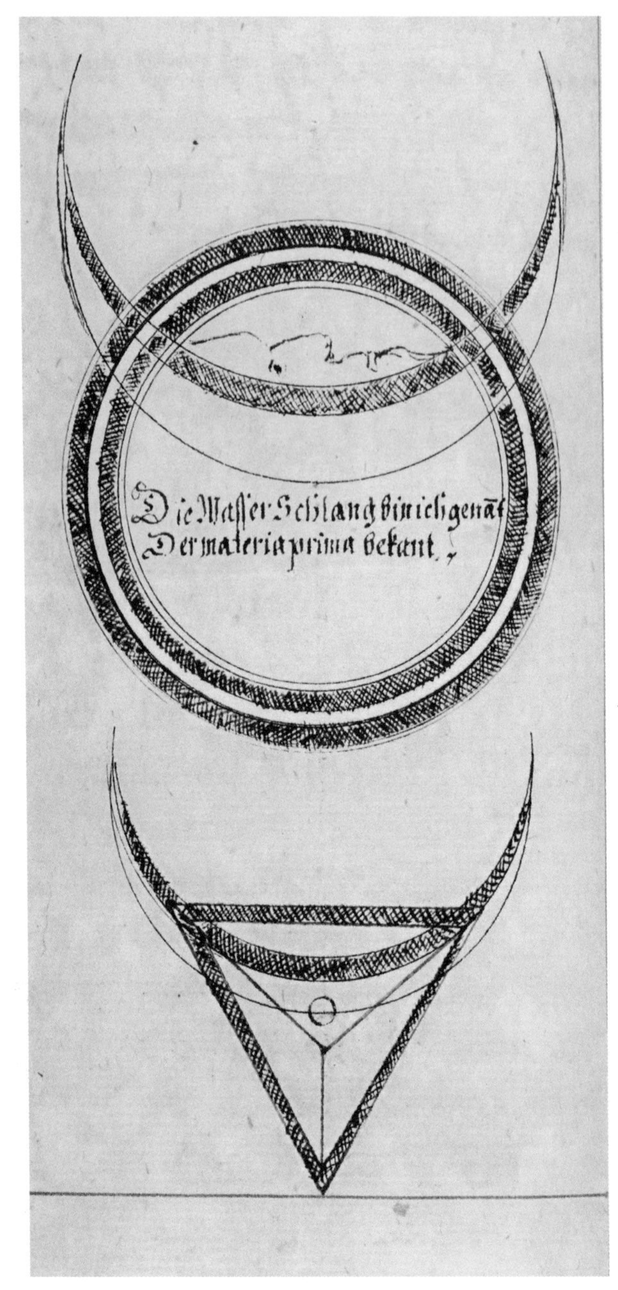

鍊金術符號

墨水，紙／德國，約 1610 年

這幅插圖描繪的是含有月牙的幾何符號。中間的文字為：「我是水蛇，是已知的第一種物質。」

古埃及月神孔蘇

彩色印刷／ L. J. J. 杜布瓦（L. J. J. Dubois），1823-25 年

古埃及月神孔蘇（Khonsu）通常被描繪成鷹頭人身的形象，戴著代表太陽與新月的頭飾。他的名字是「旅行者」的意思，一般認為是指月亮穿過夜空的旅程。

中國的月神嫦娥

彩色木雕版畫／內蒙古，約 13-14 世紀

在中國神話中，嫦娥是住在月亮的月神。每年農曆8月的月圓之夜，人們都會用月餅來祭拜嫦娥，此為中秋節的一個傳統。中國以嫦娥來為該國第一個月球探測器命名。

法國雜誌《藝術—品味—美》的時尚主題整頁插畫

模板印刷／作者不詳，1925 年

本頁和第108頁插圖來自同一時尚雜誌，所使用的模板印刷技術在法國裝飾藝術時期非常流行，讓人聯想到傳統日本與中國木雕版畫的美學，其範例分別可參考前頁與第109頁。

諾曼．蓋爾（Norman Gale）《兒歌》（*Songs for Little People*）的插圖

石印版畫／海倫．斯特拉頓（Helen Stratton），1896年

狄奧多・史篤姆（Theodor Storm）
《睡不著覺的小海維曼》（*Der Kleine Häwelmann*）

彩色印刷／艾爾瑟・溫茲—維爾特（Else Wenz-Vietor），1926 年

上圖與前頁：月亮是童書中非常受歡迎的主題，為魔法與神祕的象徵。在斯特拉頓的插畫左側中，明亮的滿月照亮了滿屋子的小精靈。月亮在史篤姆的童話故事中扮演的角色則更加重要，在故事中，一個精力充沛的小男孩，在一次夜間冒險中考驗著月球人的耐心。

托馬斯・哈里奧特於 1609 年製作的月球地形圖

1609年，英國天文學家托馬斯・哈里奧特初次在望遠鏡的協助下畫出月球的樣貌，比伽利略在同年稍晚繪製的更著名作品還要早了4個月。哈里奧特於1560年在牛津出生，在成年後搬到倫敦，並因為對於天文學、航海與數學的興趣，成為華特・雷利（Walter Raleigh）爵士的助手，於1585年陪同這位探險家前往維吉尼亞州探險，建立羅阿諾克殖民地（Roanoke Colony）。

在諾森伯蘭伯爵九世亨利・珀西（Henry Percy）的贊助下，哈里奧特獲得了土地，並在現在西倫敦的錫永宮過著舒適的生活。不過他的贊助人就沒那麼幸運，因為涉嫌在火藥陰謀事件中暗殺英王詹姆斯一世，而被囚禁在倫敦塔16年。（哈里奧特也被關進監牢，不過只有3個星期。）

1608年，鏡片製造商漢斯・李普希（Hans Lippershey）向荷蘭國會申請一項簡單望遠鏡的專利。這項被稱為「荷蘭望遠鏡，透視圓筒」的新發明，在歐洲各大主要城市銷售。哈里奧特很快就買下了一臺望遠鏡，並於1609年7月26日成為第一個使用望遠鏡觀察月球的人。

以現代標準來看，李普希的素描很粗糙，不過它清楚顯示出月球的明暗界線（黑夜與白天之間的界線），以及圖像中陽光照射部分的陰影。望遠鏡與他的素描都很快地獲得改進，到1610年代早期，他繪製出一幅月球特徵地圖，其後數十年無人能超越這個成就。由於早期的望遠鏡視野狹窄，不可能一眼就看到整個月亮，因此繪製月球地圖需要一些耐心和技巧。

哈里奧特和他的研究成果在2009年國際天文年中受到讚揚，該年是以望遠鏡研究夜空的400週年。儘管伽利略恰如其分地被認定為更重要、更多才多藝的科學家，我們也不應該忘記哈里奧特的貢獻。

五日新月圖（下頁）

墨水，紙／托馬斯・哈里奧特，1609 年 7 月 26 日

托馬斯・哈里奧特筆下的新月，這是有史以來第一次用望遠鏡觀察繪圖的成果，比伽利略的《星際信使》（參考第146頁）還要更早。

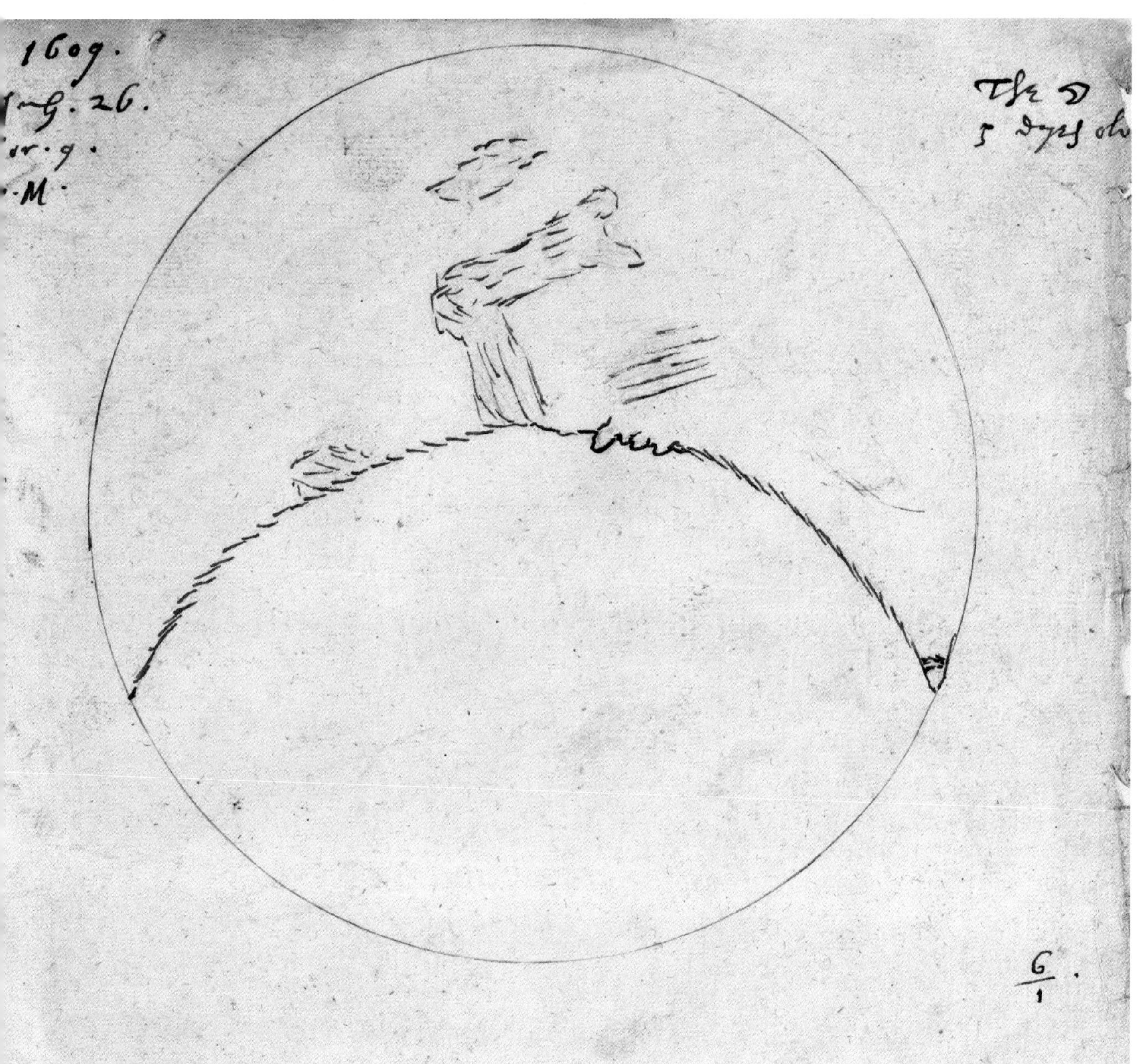
1609.

不（只）是月中人

空想性錯視（pareidolia）描述的是人類在隨機形狀中尋找圖像與圖案的本能，比如在雲中看到動物，以及在烤焦的吐司麵包上看到宗教人物。在發明望遠鏡之前，我們只能用肉眼來理解頭頂上那個形狀不斷變化的有趣天體，而我們在滿月圖案裡識別出最常見的圖像，就是人臉。在大多數（北半球）西方文化中，這是一名男性的臉，他張大著嘴，好像對他在觀察的宇宙感到敬畏。兩個最大的月海，也就是雨海與寧靜海，分別是他的兩個眼睛，而雲海則是嘴巴。

一般在西方文化中，人像主宰著月球的樣貌。其他圖案包括肩上扛著某種武器的獵人（在北半球可見），或是頭髮梳得很整齊的仕女頭部與肩部輪廓。我們在月亮臉上看到或想看到的東西，在神話、藝術與文學中啟發了無數的形象，而且儘管月亮與女性領域有許多關聯性，它作為一名男士的完全人格化卻是一個經常出現且頗受歡迎的主題。

然而，其他文化則在月球上看到非常不同的形狀與圖像。在亞洲，月亮上最常見的地球生物，是一隻坐著或蜷縮著的兔子或野兔。野兔是亞洲傳統與宗教中不朽與復甦的重要象徵，這可能源自佛教文化。在中國，中秋節讚揚的是月亮與月神嫦娥。婦女會製作淺色的小月餅，上面畫著月亮與一隻兔子（兔子是月兔；嫦娥的寵物，中國的玉兔號月球車就是以此為名），通常被描繪成在製作一種能夠確保嫦娥長生不老的靈丹妙藥。在日本的版畫中，我們常常看到白色野兔或兔子在白色滿月下聚集在一起，或是映襯著滿月的兔子形狀。佛陀曾有一次轉世為兔子，而在梵語中，兔子與月亮的詞彙幾乎一模一樣。在馬雅文化與阿茲特克藝術中，野兔的圖像及兔子與月亮的關聯性也常被凸顯出來。其中有一個傳說，講的是一隻野兔獻身給阿茲特克文化的羽蛇神，讓祂免於挨餓。作為獎賞，兔子飛上了月亮，然後回到地面，這樣地球上的每個人都可以看到這種生物的身影。

望遠鏡與太空旅行的出現，也許改變了我們觀看月球的方式，不過並不會改變我們透過肉眼觀察而能看到的熟悉面孔與形象。

海達神話的月中人坤（Koong），出自弗朗茲・R與凱薩琳・M・斯坦澤爾（Franz R. and Kathryn M. Stenzel）的美國西部藝術收藏（前頁）

墨水，紙／強尼・基特・埃爾斯瓦（Johnny Kit Elswa），1883 年

海達（Haida）是北美洲西北部太平洋海岸的原住民。在海達神話中，一個名叫坤的男子在用水桶從小溪取水時被月亮擄走了。他試著抵抗月亮的光線，抓著一株灌木，不過月亮太強了。據傳，每到滿月，就可以看到坤、他的水桶以及那株灌木，而且這個世界之所以會下雨，是因為坤偶爾會打翻水桶的緣故。

猴王孫悟空與月兔

彩色木雕版畫／月岡芳年，約 1885-90 年

在亞洲文化中，白兔常與月亮聯繫在一起，作為不朽的象徵。在中國神話中，月兔是月神嫦娥的寵物。

羅馬尼亞郵票（下頁）

郵票／羅馬尼亞，1957 年

羅馬尼亞發行的萊卡（Laika）紀念郵票，萊卡是第一隻在太空繞行地球的動物。

1.20 LEI
POSTA R.P.ROMÎNA
COLECTIV DUMITRANA

1.20 LEI
POSTA

LAIKA PRIMUL CALATOR IN COSMOS
1.20 LEI
POSTA R.P.ROMÎNA
COLECTIV DUMITRANA

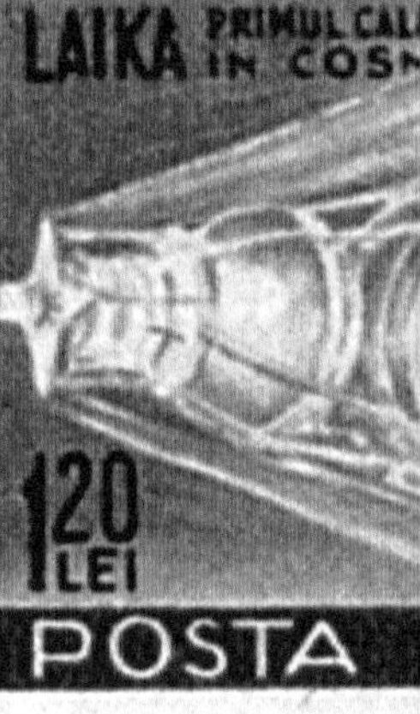
LAIKA
1.20 LEI
POSTA

LAIKA PRIMUL CALATOR IN COSMOS
1.20 LEI
POSTA R.P.ROMÎNA
COLECTIV DUMITRANA

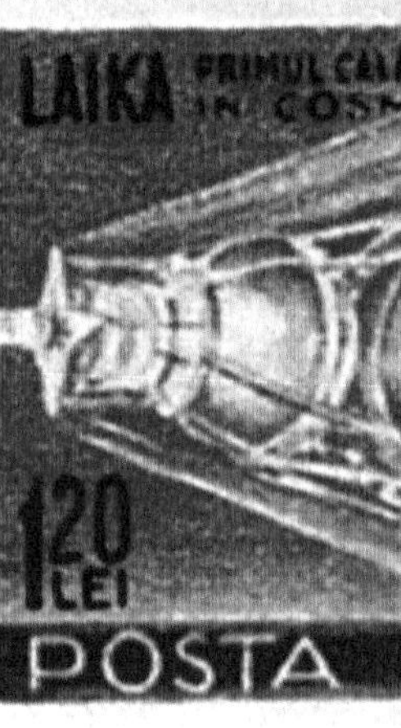
LAIKA
1.20 LEI
POSTA

LAIKA PRIMUL CALATOR IN COSMOS
1.20 LEI
POSTA R.P.ROMÎNA
COLECTIV DUMITRANA

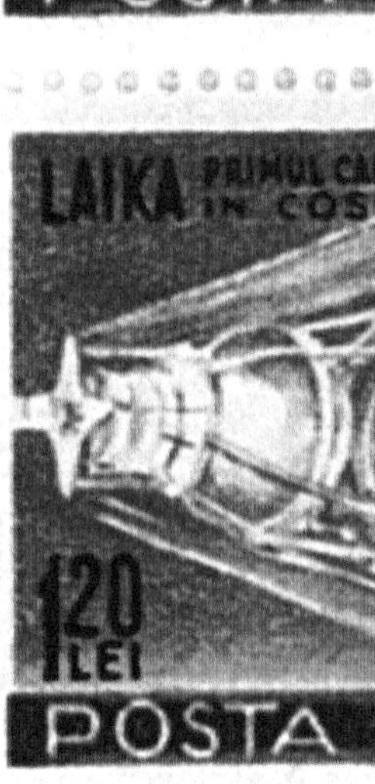
LAIKA
1.20 LEI
POSTA

月亮的名稱

在詩歌中，月亮經常適切地被用做比喻，還有著各種別稱，除此以外，我們往往將地球的衛星當成單純的「月亮」而已。儘管如此，我們應該還是能認出幾個比較不尋常的描述性名稱，如「血月亮」與「收穫月」。

今日我們熟悉的許多月亮名稱，都是由北美原住民發明，後來被歐洲殖民者採用的。這些狩獵部落與周圍世界有深厚的關係，他們用來標記年度週期的陰曆，根據動物的行為或植物作物的生長來替每個月的滿月命名。這些充滿詩意的名稱會因為部落的不同而不同，取決於各部落的文化以及其地理與生態環境／對一個偏好吃魚的部落來說，他們的八月月亮可能會被命名為鱘魚月，而在另一個部落，則可能是綠玉米月。

常見的名稱有：12月為冷月，1月為狼月或靈月，2月為雪月、飢餓月或熊月，而到春季與初夏，則有粉月、花月與草莓月。雄鹿月、雷月、鱘魚月與漿果月則是盛夏時期的月亮。玉米月或收穫月落於9月底或10月初，是北半球最接近秋分開始的滿月。

收穫月是季節更替的標誌與豐收的象徵，它為許多藝術家帶來靈感。在風景畫中，它常被描繪成一個橘色或紅色的圓盤，不過這種顏色只會在月亮靠近地平線時形成，因此任何一個月的滿月都可能出現這種色調／然而，由於日落與月升的時間，初秋時節可能特別明顯。收穫月之後是獵人月或血月。（血月並不是指帶紅色，可能是指獵人獵物的溫血。）

那麼，藍月又是怎麼回事？這個最為人熟悉的月亮名稱，其實與顏色無關。它指的是每兩三年多出的一個滿月，這是因為一個月圓週期的時間長度比日曆月的平均時間來得短。它也指一個日曆月中的第二次滿月／不過這是個不準確的定義，源自於業餘天文學家詹姆斯・修・普魯特（James Hugh Pruett）在1946年為著名的《美國天空與望遠鏡》（*American Sky & Telescope*）雜誌的撰文。兩個定義都與英文俗語「once in a blue moon」（「當藍色月亮出來時」）有關，有很少發生或相當荒謬的意思。另一方面，黑月則是一個日曆年中額外的新月，或是一個日曆月中少了滿月，這個情形可能發生在2月。

《月景》（Mond über Landschaft）（下頁）

油畫，畫布／寶拉・莫德索恩—貝克爾（Paula Modersohn-Becker）

莫德索恩—貝克爾的《月景》，很明顯是畫家從秋季滿月收穫月中汲取靈感的一個例子。在這裡，月亮是明亮炙熱的橘色，與天空和山丘的柔和色調形成鮮明對比。月亮低掛天空，這是它顏色鮮明的原因，而且還顯得很大（參考第140-141頁）。

《月下垂釣》（*Fishing by Moonlight*）

油畫，畫布／阿爾特・範・德內爾（Aert van der Neer），約 1665 年

荷蘭畫家範・德內爾專門繪製具有獨特氛圍的月色海景。在這幅畫中，淡黃色的滿月微妙地照亮了下方場景的漁網。這是個寧靜的畫面，水面平靜，漁民安靜地工作。寧靜是月色風景畫與海景畫中反覆出現的主題。

《里茲公園街》（*Park Row, Leeds*）（下頁）

油畫，畫布／約翰・阿特金森・格林姆肖，1882 年

《里茲公園街》是格林姆肖著名的城市夜景畫，這類畫作的主要焦點為照明與氛圍。遠處的兩輛馬車，是安靜城市街道上唯一的活動跡象。格林姆肖經常將英格蘭北部工業城市的碼頭與城鎮中心描繪成非常寧靜、富有詩意的場景。

《維蘇威火山》（*Vesuvius*）

油畫，畫布／德里的約瑟夫．萊特（Joseph Wright of Derby），約 1773-78 年

這幅19世紀的雄渾壯麗風格畫作表現的是大自然的力量、其變幻莫測與非人類所能掌控的特性。看似平靜的景色、平靜的水面，都因為月光而染上柔和的綠色調。然而，背景中帶有紅色調的維蘇威火山隱約可見，暗示著它劇烈噴發與破壞的潛能。這是這位藝術家以這座火山為題的30多幅作品之一。

《月光下的法羅群島》（***Moonlight over the Faroe Islands, Denmark***）

攝影／麥可．丹姆（Michael Dam），2017 年

丹姆鏡頭下的丹麥法羅群島是一幅強有力且氛圍獨特的海景，能突顯出大自然的壯麗。照片中雖然看不見月亮，它卻照亮了烏雲、波濤洶湧的大海與雄偉的群山。這件作品讓人聯想到數世紀前雄渾壯麗風格的畫作，讓明亮、暴風雨般的月光與飽和、鬱鬱的色調與沉重的小風景圖形成對比。

《藍色彈珠》

這張《藍色彈珠》的照片是阿波羅17號在前往月球的途中拍攝到的完整地球半球，阿波羅17號是該計畫的最後一次任務。

太空人尤金・塞爾南、羅納德・艾凡斯（Ronald Evans）與哈里遜・舒密特看到了地球的南極，亮白色的南極冰蓋，雲層，印度洋、大西洋與南冰洋上的風暴，非洲的沙漠、草原與雨林，乾旱的阿拉伯半島，以及地中海。這張圖片讓我們很容易想像所謂的「概觀效應」，描述太空人從太空看地球時所經歷的視角轉變，這裡的視角不只是物理上的，也是認知上的。自1972年以來，再沒有太空人到過比距離地球幾百公里更遠的地方，不過他們仍然描述了一個基本上看不到國界的世界，以及人類面臨挑戰的新感覺。

對阿波羅號太空人來說，地球在幾天內就慢慢遠去，縮小成我們從地球觀察到月亮的4倍大小。從40萬公里處，地球的顏色、太空的黑暗與月球表面的灰色形成對比。若人類探險家能旅行到比火星還遠的地方，地月系統以及它的美，很快就會變成兩個明亮的小點，就如我們看到的太陽系其他行星與背景中的恆星。

《藍色彈珠》在許多其他背景中代表著地球。科幻小說作家、環保主義者、金融公司與資訊科技公司、甚至偽科學家（尤其是平坦地球的支持者）都曾利用過它。儘管在阿波羅17號以後沒有人能深入太空重新拍攝照片，幾次無人駕駛的太空任務也捕捉到了類似的景象，其中有些任務還有明確的目標，就是要提醒我們地球的脆弱性。

《藍色彈珠》（*Blue Marble*）（前頁）

攝影／美國國家航空暨太空總署，阿波羅 17 號組員於 1972 年 12 月 7 日拍攝

這張照片可以說是地球標誌圖像中最常被複製且流傳最廣的一張。當阿波羅17號組員拍攝這張照片時，太陽在他們的身後，地球幾乎完全被照亮。你可以看到非洲大陸、亞洲大陸與沿著底部分布的南極冰蓋。然而在原本的照片中，冰蓋在頂部。美國國家航空暨太空總署將這張照片翻了過來，以我們更熟悉的角度呈現。

月亮與命運

愛爾蘭詩人威廉·巴特勒·葉慈（William Butler Yeats）在他備受喜愛的詩作《他想要天國錦衣》（*Aedh Wishes for the Cloths of Heaven*，1899年）曾描述，「天國的錦衣，繡著金光與銀光，用黑夜、白日與暗光，織就的藍色、灰色與黑色的錦衣。」高掛天空的夜之織毯，以月亮為其發光中心，這樣的比喻與女性和出生、生命與死亡的循環緊密相連。月亮的盈虧、消失與重現一直被詮釋成一臺紡車，纏繞和解開人類命運的絲線。

在古希臘，月相與人類生命的各個階段是由命運三女神，也就是摩伊賴來人格化。祂們比希臘諸神更古老，在奧菲斯讚美詩中，祂們被描述為「黑暗之夜的女兒」── 通常祂們就是黑夜女神倪克斯或其他原始神的女兒。祂們對神和凡人都有權力：克洛托見證生命的誕生，負責將生命線纏上紡錘，拉刻西斯用生命線支出生命的布，阿特羅波斯用剪子剪斷生命線，決定人的死亡。雖然摩伊賴偶爾會被描繪成一個人物，祂們大多還是被描繪成三人組，手持著紡錘、紡車與剪刀，編織著人類命運與命運的網。祂們來自地獄的晦澀起源以及和月亮的關聯，經常反映在夜間月光下的場景，或是白色的衣服。形狀狀似月亮的紡車，則隱喻著命運之輪。

創造、衡量與結束生命的女性月神三人組，這樣的概念也一直延續到其他文化中。在古羅馬文化中，摩伊賴的對應是帕耳開（諾娜、得客瑪與摩爾塔），而在北歐與斯堪地那維亞神話中，諾倫三女神烏爾德、詩寇蒂與薇兒丹蒂分別代表過去、現在與未來。諾倫三女神和摩伊賴一樣，比諸神來得老；祂們住在世界之樹根部的命運之井中，用泉水澆灌著世界之樹的根。

除了祂們的原始淵源以外，命運女神同樣也都表現出祂們對統治神的尊重（在後來的希臘神話中，摩伊賴成了宙斯與泰美斯而非倪克斯的女兒，意味著更崇高的地位），以及在祂們統治下的人類矛盾心理。儘管命運女神與出生有關，祂們也與死亡有關聯，祂們擁有的知識與力量控制著一個人的命運，因此，這有點像月亮本身，雖然命運女神並沒有什麼邪惡之處，我們還是有理由害怕祂們所代表的東西。

月亮，出自《占星術塔羅牌》（*Le Tarot Astrologique*）（下頁）

塔羅牌／喬治·穆奇瑞（Georges Muchery），1927年

在穆奇瑞鋭設計的塔羅牌中，月亮再次化身為女性。這裡的詮釋比第19頁的塔羅牌更具有現代感。

《月亮博物館》（*Museum of the Moon*），位於法國雷恩市聖喬治游泳池

裝置藝術／盧克．傑拉姆（Luke Jerram）於夜幕降臨藝術節（Les Tombées de la Nuit）的作品

傑拉姆的月亮直徑7公尺，充有氦氣。它具有美國國家航空暨太空總署圖像的精確細節，以高解析度印刷輸出，從內部打燈照亮。這件裝置藝術作品邀請參觀者在月光下游泳，近距離欣賞月球奇觀。

《沙灘上的夏夜》（*Summer Night on the Beach*）

油畫，畫布／愛德華．孟克，1895 年

月亮與它發出的豐富光線讓藝術家梵谷感到著迷（第 133 頁），而愛德華．孟克則利用它的能力來傳達憂鬱情緒和情感。在這幅畫中，他運用柔和生動的調色板來捕捉月光，賦予圖像一種鮮明甚至積極正面的觀感。

「月」，《球體論》（*De Sphaera*）第12頁（前頁）

蛋彩、金漆，羊皮紙／可能為克里斯托弗羅．迪．普雷迪斯（Cristoforo de Predis）的作品，1470年

月亮是水手的重要導航工具，對潮汐也非常重要。盧娜的重要性在這裡受到讚揚。畫中為月之女神，左上角與右上角都有風吹撫。甲殼類動物的紋章圖案類似第14頁盧娜戰車上的標誌。

「月食：17世紀天文學家」

廣告明信片，套色石印版畫／李比希公司（The Liebig Company），1925年

一名17世紀的天文學家用一架裝飾精美的望遠鏡仔細觀察月食現象。

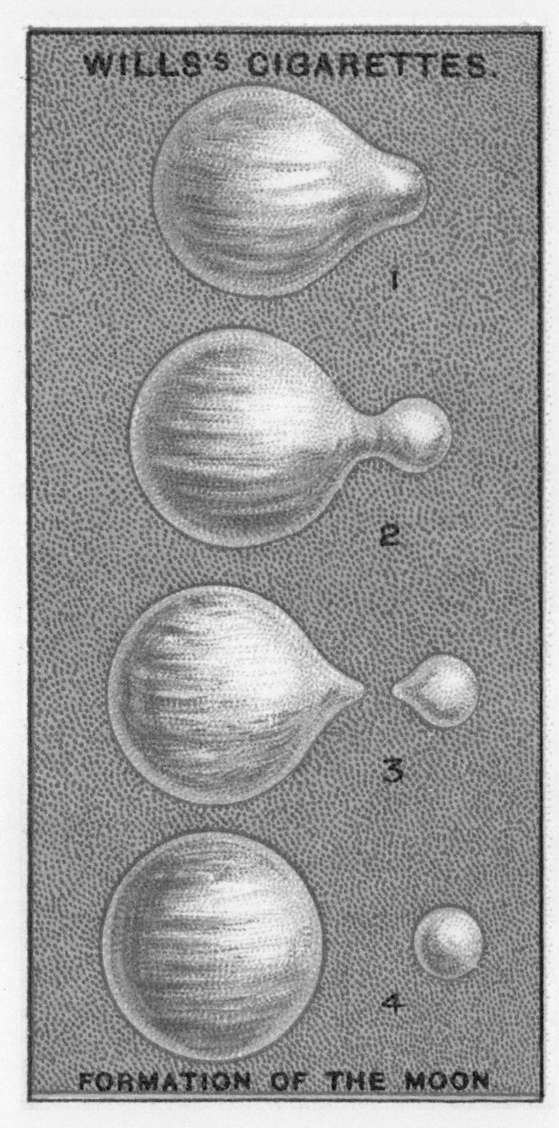

「月球的形成」

香菸卡，套色石印版畫／威爾斯香菸公司（Wills's Cigarettes），20 世紀

《原始的地球與月球》（*Primordial Earth and Moon*）（下頁）

壓克力顏料、木板／理查．比茲利（Richard Bizley），20 世紀

上圖與下頁：目前的想法認為，地球與月球開始時是一個單一實體，直到一個火星大小的小行星與原地球相撞，月球才由一些碎片形成。相對於強烈撞擊的程度，上圖所示的月球平穩地從地球滑出去，好像一小巧精緻的雨滴。右圖則是對兩個世界的表面更為生動的描繪。

月亮越來越遠

現在的月球與地球距離38萬4,400公里，不過一般認為在月球因為猛烈撞擊而形成之際，與地球的距離原本是2萬至3萬公里。早期的地球是看不到天空的地方，但是如果一個時間旅行者能找到一塊堅固的岩石站上去，那麼他望眼所及大多會是月球。假使這位探險家伸出手臂，將手臂放在眼前，那麼月亮看起來會像拳頭一樣大，月球對地球的引力也比今天強上數百倍。

無論是月球或地球，在外觀上都非常不同，熔化的表面布滿撞擊物留下的痕跡。然而，當地球溫度冷卻到足以維持大型海洋時，水體就成了兩個世界關係中的第三個因素。由於月球與太陽的引力作用，地球上特定位置每天都會經歷兩次低潮與兩次高潮。月球引力比較重要，因為比起距離我們最近的恆星太陽，月球的距離更近，這彌補了它較小的質量。

地球自轉的速度比月球繞地球公轉的速度快得多，因此漲潮時隆起的水柱會將月球往前拉一點，慢慢加快月球的速度，讓月球向更遠的地方移動。同時，地球的自轉速度減慢，造成每世紀地球每一天的長度會增加幾千分之一秒（這是用最精準的原子鐘測量出的數值）。

向三位阿波羅號太空人在月球表面留下的反射器發射雷射光束，並計算光束返回地球所需的時間，就能測量出地球月球距離增加的情形。地球與月球的平均距離，以每年3.8公分的速度增加，來自古老岩石的證據也證實這個速度比過去快得多。無論如何，這種漂移將會持續到遙遠的未來，一直到很久以後地球變得不適合居住，海洋因為太陽慢慢膨脹而沸騰消失之際。地球離月球越來越遠，也會讓日全食變得不可能，因為月盤大小會變得越來越小，無法覆蓋太陽。

假設地球與月球在太陽生命最後階段膨脹成紅巨星時，沒有被太陽的大氣層所吞噬，地球日終將會變得與陰曆月一樣長。此時，這兩個已經荒蕪的世界將會保持相同的面目，沿著軌道繞著我們恆星的微小殘餘物運轉。

繞地球運行的月球，攝於距離地球620萬公里處（前頁）

合成攝影／美國國家航空暨太空總署伽利略號探測器，1992年

月球因為引力而被鎖在軌道上繞著地球運轉，而地球自轉的速度也會將月球拉向軌道。在這張圖中，兩個天體的可見部分相互映照，讓人想起它們休戚與共的歷史與關係。

從地球前方經過的月球

定格動畫／美國國家航空暨太空總署深太空氣候觀測衛星，攝於 2015 年 7 月 16 日

在這張令人難以置信的照片，是由美國國家航空暨太空總署深太空氣候觀測衛星的成像相機在距離地球160萬公里的軌道上拍攝，在月球從地球前方經過時的月球背面（從地球上永遠看不到的那一側）。

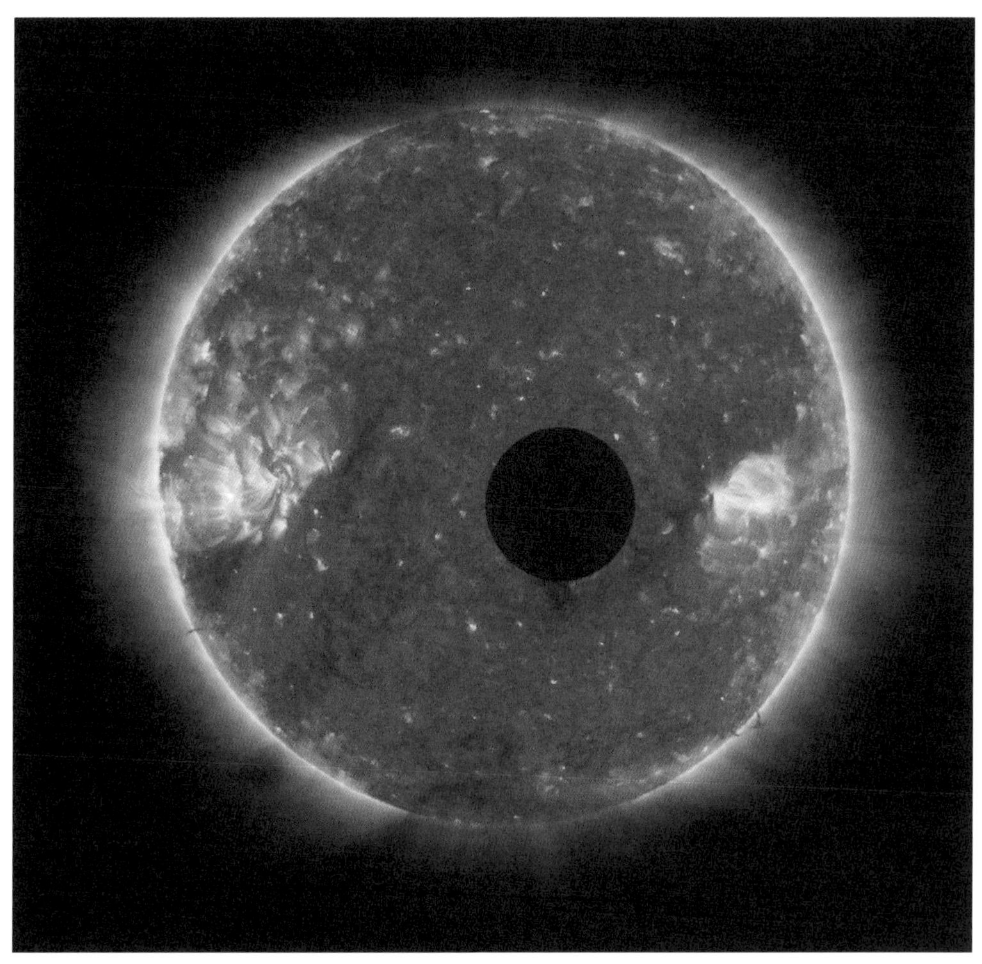

從太陽前方經過的月球

合成照片／美國國家航空暨太空總署日地關係天文臺 B 號，攝於 2007 年 2 月 25 日

這張照片由日地關係天文臺B號拍攝，日地關係天文臺的任務在於研究太陽並監測日冕（參考第44-47頁）。這裡拍攝的是月亮從炙熱巨星前方經過的情景。

月球基地

月球殖民地的夢想有它令人深思之處。它在科幻小說與電影如《2001太空漫遊》(*2001: A Space Odyssey*，1968年）與較近期的《2009月球漫遊》(*Moon*，2009年）都是相當流行的主題，作家與導演都喜歡描述一個位於惡劣月球環境中的舒適室內場景。

在阿波羅時代，在月球建立永久基地似乎是必然的，尤其是將它當成航向火星的踏腳石。然而，即使已制定好計畫，這兩項計畫的前景都顯得渺茫，而且似乎永遠是未來的20年。由於太空競賽是冷戰的代名詞，超級強國自那以後也找到其他表達對抗的方式。

阿波羅11號登陸月球半世紀後，人類再次對重返月球有了興趣，並認真討論了如何建造月球基地，以及它的用途。建造殖民地將是一項艱鉅且危險的工作。除了建築工程一貫的風險以外，任何任務都會因為在接近真空環境中工作而變得更複雜，而且如果輻射粒子爆發隨著「日冕物質拋射」從太陽來到地月系統，或是一顆靠近地球的小行星撞上月球表面，那裡的太空人幾乎毫無防護可言。

任何基地的設計都必須能應對比地球上最極端環境還要極端的環境。在地球上，即使在南極深處，探險家至少可以自由地呼吸外面的空氣，也受到厚厚的大氣層所保護，免於太空的危害。相較之下，月球基地則需要屏蔽小行星撞擊、輻射與溫度的大幅度變化。在月球表面，這可能意味著用風化層表土（月球土壤）覆蓋基地，或是利用空心熔岩隧道，將基地蓋在地底下，過著類似在地球上穴居的生活。

月球基地的支持者強烈主張利用在地資源——有效利用當地資源來生活。月球極地表土中的水沉積物可用來製造飲用水、火箭燃料或抽取氧氣來呼吸。至於能源供應，極地有些地方幾乎是全日照，太陽能可以是理想的能源。實驗室實驗顯示，月球表面最豐富的物質，也就是岩石與塵土，可以被做成月球混凝土，進而為地球的補給任務節省寶貴的重量。

自1950年代以來，太空探險書籍通常都會出現月球車與太空人挖掘材料的插圖，背景則是組員宿舍圓頂屋與太空港。月球基地不是什麼新鮮的想法，不過也許作者們，以及我們的孩子們，可能可以活著看到它的實踐。

月球基地概念（下頁）

建築概念圖／歐洲太空總署．福斯特建築事務所（Foster + Partners），2013年

歐洲太空總署成立了一個工作聯盟，邀請福斯特建築事務所一起探討建造月球基地的可能性。這是一個多圓頂月球基地的建造概念圖。圓頂將採用3D印刷技術來組裝，並覆蓋上一層具有保護性的表土。

月球探險家

水彩，紙／羅恩．德博斯基（Ron Dembosky），約 1960 年代

在阿波羅時代，月球基地的可能性似乎更加明確。一個反覆出現的想法，是利用太陽能來獲取能源／月球兩極的部分地區幾乎是全日照。在這張圖中，一名太空人帶著太陽眼鏡以保護他的眼睛，看起來好像在度假。

在月球玩耍的一家人（下頁）

套色石印版畫／作者不詳，約 1960 年代

在1960年代，從月球基地很容易就能聯想到將月球當作旅遊目的地的月球旅行。這張圖描繪一個四口之家充分利用月球的低重力環境，在那裡玩球和跳蛙遊戲。這與私人公司現今開發火星商業旅行的雄心壯志並無太大不同。

史丹佛環面的外部觀與內部觀（下頁）；
太空殖民地概念

油畫，畫布／唐納德．E．戴維斯（Donald E. Davis）
為美國國家航空暨太空總署創作，1975 ／ 1976 年

這個太空殖民地的概念於1975年在史丹佛大學舉辦的美國國家航空暨太空總署夏季設計計畫提出。太空轉運站的環面直徑只有1.8公里；我們可以看到一艘太空船飛過，藉此瞭解其規模。轉運站內部可容納與密集郊區人口相似的人口。

NALD
8-1976

起始——
月球是如何形成的

月亮，無論是海中或湖面的倒影，或是前有雲朵飄飛的情景，往往都象徵著一種跳脫於我們忙碌生活的平靜，一種全然的寧靜。然而，這個與我們距離最近的衛星，和我們居住的世界一樣，有著極不平靜的歷史。

超過45億年前，構成我們太陽系主體的太陽與行星，在重力塌縮作用下從一團塵埃與氣體中形成。在太陽系的中心，當物質變得緻密熾熱、達到氫融合為氦的程度時誕生。這種核融合在核武中更具破壞性，它會釋放出巨大的能量，為太陽這個發動機的整個生命週期提供能量。

此時，太陽周圍的星雲呈圓盤狀，它的塵埃顆粒黏在一起形成團塊。接下來的幾百萬年間，碰撞與重力讓這些小團塊形成巨石。這些岩石之間的碰撞可能會產生不同的結果：最猛烈的撞擊會讓它們裂成更小的碎片，造成碎片質量的增加，不過較和緩的撞擊則可能形成更大的物體。太陽形成後約200或300萬年間，目前行星的核心都已就位，慢慢獲得更多物質，形成我們今天看到的世界的前身。

大多數行星都有天然衛星。像是木星與土星這樣的氣態巨行星有數十個衛星，有些衛星大到可以有火山和被冰覆蓋的海洋，有些則小得多。除了比其他行星小得多的侏儒行星冥王星以及只有它一半大小的伴星凱倫（Charon），地球與月球脫穎而出：我們的伴星月球整整有我們星球的四分之一大小。

有關這個系統起源的其中一個歷史觀點，是地球與月球這兩個世界乃相伴形成，而月球被地球俘獲。另一個觀點認為，原地球旋轉速度非常快，月球是原地球拋出來的物質，剩餘的部分則形成了地球。自1970年代開始，行星科學家根據阿波羅任務帶回採樣的分析結果，拼湊出一個新的模型。在這個版本中，一個火星大小的物體（被命名為忒伊亞〔Theia〕）與地球相撞。地球和忒伊亞至少在最外層，都因為碰撞而完全蒸發並被噴射到太空中，留下較重的熔岩核與上面的地幔，熔化在一起。經過幾個月，碰撞後融合而成的行星周圍的碎片雲聚集了起來，形成新的衛星，也就是月球，這個過程可能是在撞擊事件之後的一個世紀內完成。阿波羅任務太空人與蘇聯探測器帶回的月球岩石，暗示著這個共同的血緣關係。月球表面物質與地球內部相似，不同質量的氧原子比例（同位素比）也是如此。儘管這兩個世界都受到後來事件的影響，這種相似性可能意味著忒伊亞與原地球之間曾發生直接碰撞，這種異常猛烈的事件，在今日的太陽系中幾乎是不可能發生的。

碰撞事件之後，地球與月球都成了無法辨識的熔岩世界。一億年後，地球表面才冷卻到能讓第一個海洋形成的程度，而化石證據也顯示，之後又經過了兩億年，地球上才有生命出現。

一開始的時候，月球與地球的距離也比較近，約在2萬至3萬公里，現在兩者距離則將近40萬公里。早期地球的自轉速度更快，只要6小時就能自轉一圈。一旦海洋形成，兩天體之間複雜的交互作用，以及海洋的潮汐，將能量傳到月球上，讓月球更加遠離，也減緩了地球自轉的速度，使得白天變得更長。今日的結果，是月球以每年3.8公分的速度持續遠離地球，而地球的一天有24小時。這麼大的衛星也為地球上的生命帶來好處：它穩定了地球自轉軸的角度，進而阻止了更劇烈的（自然）氣候變化。

地球的引力場對月球還有另一種影響，最終也鎖定了月球面對地球的面。根據月球相對於恆星的位置，月球繞地球一圈大約需要27.3天。月球以同樣的速度自轉，因此它的日長相同。由於月球軌道並不是完美的圓形，是傾斜的，而且我們從月升到月落的角度略有不同，因此隨著時間推移，我們總共可以看到大約59%的月球，這種綜合效應被稱為天平動（libration），而剩下的41%永遠無法從地球看到。

追溯地球最早期歷史需要科學偵探：大多數證據都被層層岩石覆蓋、埋在沙漠深處或被植被掩蓋。不過月球就不一樣了。由於月球大氣層非常稀薄，大多數月球地表每個月都會經過烘烤與冰凍的過程，不過沒有風，也沒有雨。這樣的地質景觀可以說是超過40億年歷史的化石紀錄，鮮明地提醒著人們它早期的動盪歷史。

隕石坑是月球上最明顯的特徵，即使是用最小的望遠鏡也可以看得到。許多隕石坑可能是在大約40億年前開始的「後期重轟炸期」中形成的，在太陽系定型成現在的模樣之前，與小行星差不多大小的物體所造成的撞擊事件，頻率比現在高出許多倍。由於沒有大氣層保護，月球表面至今仍然持續遭受撞擊，只是大規模事件較為罕見。隕石坑大小不一，有規模微小者，也有寬度達2,500公里的南極—艾托肯盆地。南極—艾托肯盆地位於月球最南端，是太陽系中規模最大的隕石坑。隕石坑的外觀會按形成環境而有所不同。最大的隕石坑通常中央有山，這是撞擊後表面反彈所造成。其餘則有梯形地、本身就坑坑窪窪、或因流淌著現已凍結的熔岩而有平滑的地面。最年輕的隕石坑如哥白尼環形山與第谷環形山等都有射線系統，淺色碎屑如雨點般地朝著更深色的環境散布。

月球上一些最戲劇性的事件，都是造成巨大盆地形成的大規模撞擊事件。液態岩漿最終掩飾了月球表面，這大多發生在面向地球的一側，那裡的地殼較薄，岩漿可以更輕易地穿透月球表面。岩漿冷卻後，留下了那些肉眼可見、原本被稱為「月海」的較陰暗區域，其中最著名的是「寧靜海」，也就是阿波羅11號的著陸點，其範圍綿延將近900公里。寧靜海就如月球上其他位於近面的月海一樣，不需要望遠鏡就能看到（對北半球的觀察者來說，它在滿月時會出現在右上角）。背面較厚的地殼，則帶來完全不同的景觀，只有少數幾個地方才有月海。

月球表面看起來較白的部分是月球高地。這種更加崎嶇的地形包括真正的山脈，有些山峰比「平均」月表地形高出4公里，比其周圍環境高出10公里。這些高山與山脈都位於撞擊盆地的邊緣，形成過程迅速且劇烈，不同於地球山脈的緩慢推升。

在某種程度上，較大（固體）行星能保留液態核心與主要地質活動的時間，比較小行星來得長。在地球的大部分地區，火山與地震都提醒著我們，地球有個動態的內部。月球上的地震雖然持續時間較長，不過規模較小，往往是滑坡與隕石撞擊等地表事件所造成。然而，至少在月球歷史的前十億年中，地質作用在形塑月球方面是非常重要的。除了填滿月海的熔岩以外，月球也有類似於地球的熔岩管。熾熱的液態岩石切出長長的疤痕，其中有些是裸露的（所謂的「月溪」），有些則是地表下的圓柱體。橫跨數公里的圓頂狀構造標示著熔岩滲出的地點，皺摺的山脊則是熔岩冷卻收縮之處，狀似「直牆」的斷層則顯示出岩石塊移動的地點。月球與地球之間的近距離，使得這些在小型望遠鏡中清晰可見，我們也能輕易地想像出它的地貌。

無論如何，月球是一個非常惡劣的環境，白日溫度可達華氏250度（攝氏120度），夜晚可降到華氏零下240度（攝氏零下150度）。在月球南極艾托肯盆地部分環形山的深處，幾乎看不到陽光，因此地面永遠寒冷。這種寒冷會讓水化作冰並混合在地表土壤中，這些土壤可能是整個月球歷史上小行星與彗星撞擊所形成的。

我們比以往都更加了解月球的自然歷史、它不平靜的開始以及它是如何發展成我們今日所見相對安靜的世界。如果人類重返月球，對月球景觀、自然災害與自然資源的了解，將有助於今後數十年任何新任務的形塑與奠基。

信仰——
月亮在整個人類歷史中如何擄獲人心

泰德・休斯（Ted Hughes）的《滿月與小芙里達》（*Full Moon and Little Frieda*）是一首藝術氣息十足的英文詩，詩中主人翁是一名年紀非常小的女孩，尚且無法說出完整句子的她，某日傍晚看著眼前的鄉村景緻，突然不停地喊著：「月亮！」她表現出的興奮是純粹、天真且人性十足的。小女孩的目光受到空中明月吸引，那是距離我們最近的天體，她完全被月亮給迷住了，就像在她之前的許多人一樣。當休斯的女兒芙里達於1960年代初突然看到月亮、讓父親感到欣喜並讓他因此寫下一首充滿溫暖、豐富與夜間意象的詩作時，她並不知道自己已經觸及一件非常普遍的事物，也就是人類對一個天體的迷戀與依賴，這個天體既是計時器亦是支柱，也是靈感的泉源。

月亮吸引著我們，蠱惑著我們，引誘著我們的目光，看似容易親近。相形之下，太陽儘管主宰著天空，讓地球生命得以存在，不過除了在一天開始與結束的幾分鐘之外，我們並無法用肉眼觀察。然而，我們卻能陶醉於賞月的樂趣，甚至可以看到它坑坑洞洞的表面，以及山巒山谷的陰影。也許因為我們對月球感到相對熟悉，所以能感受到一種特殊的關聯性。在晴朗的夜晚，尤其是上弦月或下弦月的時候，月球表面山脈與環形山的陰影會更加明顯，人類肉眼即使在沒有望遠鏡的狀況，也能看到月球表面的一些結構。我們會認出讓我們聯想到地球的構造：有山有谷，甚至有隕石坑，因此月球表面也許和我們踩踏腳底下的地球有那麼些類似。當我們開始繪製月球地圖時，我們選擇了借鑒於地球的地名，如雨海、雲海與亞平寧山脈等。月球上有海有山也有谷，讓我們在看月球的時候，就好像是看著一面蒼白的鏡子，從中看到自己的倒影。

相較於人類能從地球上看到的恆星或行星，月球的清晰度是無可比擬的。我們可以清楚看到月亮的輪廓，它往往在夜空的襯托下顯得輪廓鮮明。我們的眼睛、手、筆和畫筆可以隨著它的輪廓、形態與陰影，將它描繪出來。月球能給予一種視覺上的確定性，自古以來就激發著人類的想像力與創造力。儘管如此，月球也充滿了矛盾。它看來是和善的，是黑暗中的一個光源，是我們永恆的伴侶，讓旋轉中的地球能穩定在軌道上，也牽曳著我們的海洋，從而給我們的海洋帶來富饒且可預測的節律。然而，它也總是在變化，不停地出現與消失，漸漸變圓直至滿盈，然後再變虧缺。它的顏色可能從銀白色變成藍色、橙色、黃色、紫色、甚至血紅色，這是因為大氣中的塵埃與月亮相對於地平線的高度所致。月亮的大小也會發生變化，這是因為它的軌道並非正圓而是橢圓，也就表示它與地球的距離會有很大的變化。在人類了解這些變化的原因之前，是怎麼解釋這些現象的呢？

從人類有創造活動開始，天堂就在藝術、神話、民俗、傳統與信仰體系中扮演著重要的角色。在最早的文化中，月球形狀的變化也提供了一種基本的計時形式：在好幾個史前洞穴中，都曾在骨頭與岩石上發現可能描繪著月相的雕刻、繪畫與標記。例如，約莫15000年前，克羅馬儂人在法國的拉斯科洞窟牆壁上留下了用點構成的線條以及方格等圖案，一般認為這是在描繪月球的相位。若這些圖案確實代表早期的陰曆，它們反映出人類對時間與生命、死亡與重生之週期性階段的早期意識。公元前5000年左右，美索不達米亞與亞述文化也都觀察並紀錄了月球的運動。青銅與黃金製成的內布拉星象盤大約製作於公元前1600年，最近才在德國出土，它上面顯示的可能是鐮刀與滿月。內布拉星象盤可能是一個簡單的星圖，也是儀式性物品。

雖然這些對月亮出現與跨越天空旅程的觀察，最終導致早期陰曆系統的誕生，月亮定期漸虧與消失的現象，也讓它與死亡、犯罪、危險與疾病關聯在一起。舉例來說，月亮經常出現在中世紀或文藝復興時期描繪基督之死的圖像中。事實上，揚・范・艾克（Jan van Eyck）在1440年左右繪製的《基督受難圖》（*The Crucifixion*）中，基督被長矛刺穿時，各各他山上方就掛著一個看似邪惡的月亮，這是最早的月亮寫實圖像之一。比月亮形狀變化更令人擔憂的，是它會暫時阻擋能帶來生命的陽光，讓太陽的一部分或全部都黯然失色。這類極端現象在許多文化中被認為具有精神上的意義，或是被賦予深遠的象徵意義或預言意義。英文中的日食「eclipse」一字源自希臘文，有「遺棄」或「遺漏」的意思，在這樣的脈絡中似乎指的是天體缺少的光，或是地球或人類被引導他們的光，亦即太陽與月亮所遺棄。

月亮本身在日食中變暗的現象，讓古代中國人充滿恐懼與對死亡的畏懼，而且他們相信有一條龍正在吃掉月亮。許多古代文化都有為了嚇跑類似黑暗勢力的儀式。這些儀式通常包含噪音與瘋狂的手勢。中國人會敲打鏡子好把吃月亮的東西嚇走，這也拐彎抹角地顯示，他們認為月亮應該是銀色的，而在非洲，有些部落會向空中撒沙子來達到同樣的目的。古羅馬人則是會投擲或揮舞燃燒的火把，試圖重新點燃月亮的火焰。在早期巴比倫文化中，人們會豎起祭壇，組織喧鬧的遊行隊伍，以免被月亮或太陽遺棄，在這期間，人們會敲打鍋碗瓢盆，演奏大聲的樂器，並發出許多喊叫聲。月亮被吃掉的想法往往與野獸和危險的動物連在一起。在北歐和一些東歐文化中，與之相當的是嗜血的狼或其他類似狗的動物，而月食期間月亮的紅色，往往被解釋為月亮被怪物吃掉時流血至死所造成。在基督信仰中，天光暫時消失的情形也是一個重要的象徵，它以創世神話為根據，顯然將能驅逐黑暗的光與生命聯繫在一起。例如在《馬太福音》中，耶穌再臨之前，有一段有關宇宙混亂與日食造成失去光明的描述：「那些日子的災難一過去，日頭就變黑了，月亮也不放光，眾星要從天上墜落，天勢都要震動。」在有些紀錄中，日食確實改變了歷史的進程，這也許並不奇怪。古希臘歷史學家修昔底德（Thucydides）講述了雅典軍隊領袖尼西阿斯（Nicias）的故事，尼西阿斯非常迷信，公元前413年，他因為目睹月食，決定推遲對敘拉古人的進攻。他的對手無視天象，先發制人，贏得了戰爭。

月亮常與太陽配對，是人類文化中最古老也最常出現的符號。我們不需太多想像，就能理解古人在觀察天空時所感受的驚嘆，或是了解這些天體如何因為它們在天空中極其引人注目，以及它們對地球生命週期與流動的巨大影響，而被尊為神靈。

儘管我們在波斯、埃及、中國、印度、希臘與古羅馬文化都發現了以固定風格的幾何圖形來描繪月球這個宇宙物體的情形，不過隨著這些地圖、形狀與圖示的發展，許許多多將月球作為人格化神祇的表現形式也隨之出現。美索不達米亞的月神南納（或欣）是月亮化身的最早記錄，曾出現在蘇美人的詩作「伊南娜的後裔」（Inanna's Descent）之中，時間約可回溯到公元前1750年。在美索不達米亞文化中，南納是太陽之父，通常被描繪成月牙，並與公牛聯繫在一起。此外，還有古埃及複雜豐富的諸多月神，例如代表月亮穿越天空路徑的「旅行者」孔蘇，時間之神托特，以及伊西斯（Isis）和歐西里斯這一對。祂們的代表意涵與象徵意義稍有不同，不過祂們的生活經常反映出月亮的週期，當然，祂們的標誌幾乎也總是月亮的形象。例如，歐西里斯的頭上常有架在月牙上的滿月為裝飾。

在古希臘與古羅馬文化中，同樣也發展出類似的情形，有著諸多關係複雜的月神，不過這裡的月神幾乎都是由女性來代表，而且月亮週期與月經週期也有著密切的關聯性。菲碧（Phoebe）、黑卡蒂（Hecate）、黛安娜、阿提米絲、塞勒涅都是不同的月亮女神化身，通常與自然、狩獵、夜晚、魔法、童貞、分娩與女性氣質聯繫在一起。她們往往以年輕、美麗、強壯、裸露或半裸露的女性形式出現，並帶有相配的月亮象徵與標誌。在其他文化中，還有數十個月神的例子，數量之多，在此無法一一贅述，不過祂們大多暗示著時間的層面、生命的週期以及夜晚。基督教繼承並重新使用了許多舊有信仰體系的象徵意義，並使用古代神話與民間傳說來襯托其信仰與神聖的形象。月亮再次成為處女女性氣質的象徵，尤其是在羅馬天主教教堂，在描繪聖母瑪利亞的時候，腳下往往會有一個新月的圖像。

數千年來，人類對月亮的迷戀所引發的神話、故事與象徵，都在不斷地演變。月亮意象的使用遠遠超出了宗教的脈絡。它存在於基督教以前的時期、在異教脈絡中、也出現在民間傳說裡，有著積極、消極與矛盾的關聯性，範疇極廣。月亮可以是情緒調節者、光源、重大事件指示，以及慾望的對象，在哥德式想像與小說、以及現代童話中都有非常重要的作用，其中許多童話都有著悠久的民間傳說淵源。19世紀末與20世紀初是童話插畫的重要時期，我們看到許多藝術家沉迷於月亮與明亮夜空作為構圖元素的可能性，特別是在北歐像是凱・尼爾森（Kay Nielsen）或艾德蒙・杜拉克（Edmund

Dulac）等人的圈子。在他們的插圖中，月亮常常是美麗且寧靜的焦點，能替一場景增添神祕且閃亮的特質，或是藉此指稱故事中的一個重要時刻。在這些故事中，女性往往就像月亮，或是具有月亮的屬性。例如，在羅馬尼亞女王瑪麗所撰、杜拉克插畫的《夢想的夢想家》（*the Dreamer of Dreams*，1915年）這個故事中，美麗的的北歐冰女是這麼入場的：「夜晚的一切光輝、耀眼的光彩、廣闊的雪原、月亮的輝煌、無數的星辰，全都在這位美麗的女士面前黯然失色。與她有關的一切事物都是白色的，閃閃發光；如此耀眼，人的眼睛幾乎無法忍受這樣的光輝。」

月亮這個文化主題，就如月亮本身一樣地永恆，而且這個主題也持續不斷地變化。詩人威廉・巴特勒・葉慈（William Butler Yeats）曾非常生動地描繪的「天堂的繡布」，指出「月亮是最容易改變的象徵，這不僅僅是因為它是變化的象徵之故。掌管著水的月亮，也控制著本能的生活，以及萬物的生成⋯⋯。」月亮和其他天體不同，它是創造無數神話與類比的泉源。它好比天空中的鏡子，圍繞著其神祕特質的象徵意義，只有它的競爭對手與合作夥伴太陽才能相比擬。我們敬畏月亮，它寧靜的美與讓人能感知到的可預見性啟發著我們，然而有時它的不可預測性與消失的行為也會讓我們感到恐懼。它微妙鮮明的光芒與它作為計時器的角色，讓它成為我們永恆的伴侶，是最普遍的研究對象、慾望對象、幻想對象與希望對象，卻也是會讓我們感到恐懼與不確定的對象。它適用於許多脈絡與故事，也是視覺與概念的豐富來源。無論是從物理和科學、以及精神層面而言，觀察月球、替它命名、加以探討並想到達月球，也許都是我們人類的本能。幾乎所有人都曾經看過月球。人類在過去、現在與未來都會像在父親詩作中的小芙里達，本能地被天空中最迷人的物體所吸引。這就是為什麼在第一個在貧瘠的月球表面留下的腳印，會成為影響力如此深遠的圖像。1969年，我們擾亂了那祕密的寂靜，留下了我們的印記，而在未來，可能也只有我們才會再去擾亂它。

探索——
月球觀察簡史

月球是我們夜空中最明亮也最接近的物體，觀月的舉止可以說是一種人類共同的遺產。大部分情況下，月球是夜空中唯一比光點還大的天體。它從新月變成滿月的過程中，似乎越變越大，而且改變它的形狀，然後再次縮小，而且每個晚上在夜空中的位置都會有明顯的改變。月相的週期變化是一個天然的計時器，了解月球繞地球的運動，是理解更廣闊太陽系結構的起點。

這個距離我們最近的鄰居，也是少數能夠用肉眼觀察到其特徵的天體。出土的史前建築承認了月亮的重要性，人類必然在口語出現後不久就開始討論月亮的性質。最早的觀察者利用曆法週期，認定月亮在世界各地古文明遺址上方天空的移動情形（最著名者為英國巨石陣），許多文化也將月亮視為神祇。

其中一個較引人注目的史前文物，是約莫5,000年前的月球地圖，它被刻畫在愛爾蘭諾斯（Knowth）通道式墳墓的牆壁上。這幅地圖上的記號與人類肉眼可見顏色較深的月海一致。這張地圖與內布拉星象盤這件具有3,500年歷史、用以描繪新月與星辰的青銅黃金製文物（參考第70-71頁），就如新石器時代的紀念碑，都展現出月亮對古人的重要性。

中國古代與巴比倫的天文學家最早嘗試發展系統，以計算月球與其他天體的位置。早在公元前2300年，中國就已經出現了天文臺，而在隨後的1,000年，天文臺也在巴比倫出現，一方面是為了記錄時間，另一方面則是為了占星術。巴比倫觀察者最早記錄下沙羅週期（Saro's cycle），描述了月球在223個月期間的運動。兩個文明都認定，月食與日食都有規律的週期，也都能成功預測它們的發生。巴比倫文化認為，日食月食暗示著一個國王的死亡：預測日食月食必然是國家大事，也是科學上的勝利。

在古典時代，古希臘人是最早從科學角度來思考月球性質，並預測月球在天空中位置的人。在一系列的革命過程中，希臘哲學家最早提出月球藉由反射太陽光來發光，並推斷月食是月球進入地球陰影的結果。後來，希臘學者如公元前3世紀的阿里斯塔克斯（Aristarchus of Samos），憑藉著數學技巧與獨創性，進而對鄰近宇宙的規模進行了合理的估計，其中包括月球的大小以及地球與月球的距離。阿里斯塔克斯設計出第一個以太陽為中心（或稱日心）的太陽系模型，不過當時是以柏拉圖、亞里斯多德與托勒密等人琢磨出來的地心模型為主流。

在公元2世紀描述的托勒密體系中，月球的位置被固定在一個圍繞著靜止地球旋轉的最接近天體旁。儘管這個模型的合理性取決於在圓形軌道上增加複雜的環（所謂的本輪），藉此解釋月球與行星在天空中的運動，但它與早期基督教教義有關，推定納入了那些在釋義後意味著地球無法移動的聖經經文。

托勒密與亞里斯多德的思想塑造了大部分的自然科學，這樣的情形一直延續到文藝復興時期。亞里斯多德認為，月亮反映出天堂的完美，卻被人世間給破壞了，這也就是為什麼肉眼可以觀察到斑點的原因。曾推測過月球居民存在的作家普魯塔克（Plutarch）則抱持不同的觀點，認為這些斑點是深裂縫的陰影，不過亞里斯多德的觀點終究是占了上風。

中世紀早期，歐洲科學思想幾乎沒有什麼進展。在望遠鏡發明之前，天文學領域一些最傑出的研究工作出現在新形成的伊斯蘭世界，那裡的學者以希臘人遺留下來的知識為基礎繼續發展。伊斯蘭教使用的曆法系統是基於新月之後對月牙的觀察，每個月以新月為始。在伊斯蘭年的重要時刻，例如齋月，新月的出現更加重要，像是開齋節的日期就是由新月的出現來界定。由於需要預測這些日期，同時《古蘭經》也鼓勵人研究夜空，所以穆斯林天文學家是非常勤奮的觀察者。

自9世紀開始，中東、中亞、北非與後來的西班牙，都開始使用象限儀與星盤等儀器來測量天體在天空中的位置，也將這些儀器運用在計時與導航方面。藉由這些裝置，伊斯蘭天文學家改進了對地球到月球距離以及月球大小的測量數值。在望遠鏡出現之前，位於當今烏茲別克撒馬爾罕的一座天文臺代表著伊斯蘭天文學的巔峰，它是天文學家暨帖木兒王朝統治者烏魯伯格（Ulugh Beg）所建造，是有史以來規模最龐大的象限儀，它以前所未有的精確度測量了月球、行星與恆星的位置。烏魯伯格與後繼天文學家的研究工作，幫助西方天文學家探索月球與行星在太空中的運動。

幾千年來，天文知識從東方與中東開始流傳，經過古希臘與中世紀的伊斯蘭世界，在中世紀晚期傳入歐洲。（天文學和月亮週期在中美洲文化也有發展，而且是完全獨立於前面的這個體系。）從那時起，歐洲的天文學書籍就包含了豐富的太陽系圖解模型，以及顯示月亮相位的圖表，不過這些仍然都在當時盛行的地心系統的範疇中。到了15世紀與16世紀，美術作品中也首次出現月球的特徵，那些肉眼可見的特徵至少都被表現了出來。

荷蘭藝術家揚・范・艾克在1420至1437年間，以三幅作品記錄下他在白日看到月亮的情景，其中最著名的為《根特祭壇畫》（*Ghent Altarpiece*）；達文西曾在1505至1508年用筆墨畫下月亮的素描；在16世紀初，身兼天文學家與伊莉莎白一世御醫的威廉・吉爾伯特（William Gilbert），按肉眼觀察畫下一幅略嫌粗糙的月球地圖。吉爾伯特的滿月圖上有數個既清晰又讓人感到熟悉的污點，在沒有望遠鏡的時期，這樣的繪圖已是極限。

演變至此，天文學與我們對月球的理解，都已經準備好要面臨一場徹頭徹尾的改變。1543年，以地球為中心的宇宙認知，隨著提倡日心宇宙論的波蘭天文學家尼古拉・哥白尼（Nicolaus Copernicus）

發表《天體運行論》(*De revolutionibus orbium coelestium*),經歷了典範轉移。在哥白尼的模型中,行星與月球仍然以圓形軌道運動,但是地球不再是宇宙的中心。包括約翰尼斯・克卜勒、伽利略・伽利萊,以及後來的艾薩克・牛頓(Isaac Newton)在內的科學家,都改進了這個模型,納入一個包含了運動、引力和橢圓軌道的理論,而在大部分狀況下,這個模型與理論至今仍然有效。這個想法是革命性的。它挑戰了教會教義,永遠地削弱了地球的地位,最後也讓科學家了解到地月系統的力學與進化。

眾所周知,望遠鏡的發明推動了「哥白尼革命」,這是17世紀的一個開創性事件。這個發明將研究夜空變成了一門現代科學。自此以來的400年間,我們對月球的認識比前4,000年加總起來還更多:早在太空時代之前,望遠鏡就已經讓人類能詳細看到月球表面的景觀。

儘管有人聲稱望遠鏡還有更早的版本,不過荷蘭眼鏡製造師漢斯・李普西(Hans Lippershey)是率先在1608年為簡單望遠鏡的設計申請專利的人。這項創新將兩個鏡片放在一個管子裡,讓觀察者更仔細地觀察物體,而用在天文學上,則能讓人看到肉眼無法看見的恆星。不到一年,當時仍默默無名的英國天文學家托馬斯・哈里奧特就在位於現今西倫敦的錫永宮,畫出了第一張用技術輔助繪製的月球地圖。在接下來的10年間,哈里奧特在諾森伯蘭伯爵的贊助下繼續繪製月球地圖,其成果在接下來數十年間無人能出其右。哈里奧特與其他人在克服第一批望遠鏡的狹窄視野與光學性能低下的方面,表現得非常好。

隔年,伽利略・伽利萊出版了會讓人聯想到現代照片的月球特徵圖。他曾接受良好的藝術訓練,會記錄自己的研究成果,而且興趣領域不僅限於天文學:他也研究萬有引力、物體運動、數學與工程學。伽利略高調支持哥白尼模型,讓他與天主教教會以及教會所主張的地心正統理論產生了衝突。他最後受到酷刑威脅,並受到軟禁,不過他的思想仍然存續了下來,同時也被傳播出去。

在天文學家尋求累積詳細月表知識之際,緩慢改進的透鏡與鏡子,以及更好的望遠鏡,都讓人製作出相應更好的月球繪圖,不過這些都需要時間。在波蘭格但斯克進行研究的約翰・赫維留斯(Johannes Hevelius)花了4年的時間繪製月球地圖,於1647年出版《月球誌》(*Selenographia, sive Lunae descriptio*)。他是第一位畫下天平動效應的天文學家,由於天平動之故,位於地球的觀察者能隨著時間推移看到月球背面的一小部分。

同個世紀,巴黎天文臺創始人之一喬凡尼・多美尼科・卡西尼製作了所謂第一張月球「科學」地圖,描繪出月球的山脈、環形山、射紋系統與月海。他有些異想天開地在這張圖裡加入了一個著名的裝飾——一個可能是他妻子的神祕女性頭像,以及一個微妙的心形。與卡西尼同時期的喬萬尼・里喬利(Giovanni Riccioli)則替月球特徵命名,這些名稱也一直沿用至今。

在將近300年的時間,天文學家一直遵循這樣的傳統,製作並依賴描繪月球與月表特徵的繪圖。在沒有攝影、更別說電子成像的情況下,這是記錄下他們觀察月表所見的唯一方法。

繪製整個月表的地圖是非常有挑戰性的任務（任何以中型望遠鏡觀察月球的人都會意識到這一點），因此許多觀察者都會將注意力集中在特定的環形山、山脈或小範圍的其他地貌上。然而，即使是最細心的觀察者，仍然可能會提出今天看來有些異想天開的說法。以發現天王星聞名，也是皇家天文學會第一任會長的威廉・赫歇爾，在1775年至1807年間記錄了他對月球的觀察。他使用在英國巴斯家中的一架普通望遠鏡，以及在斯勞的另一架較大型望遠鏡，記錄下他認為是活火山、甚至植被的特徵，描述了伽桑狄環形山附近的一片樹林。赫歇爾因此認為，月球一定有人居住。

威廉・赫歇爾的這些想法，可能形塑出月球天文學中最具娛樂性的一個事件。這個事件牽涉到在南非開普敦附近設立天文臺的威廉之子約翰。在約翰不知情的情況下，紐約《太陽報》在1835年8月刊登了一系列描述月球新發現的報導。這些報導充斥著奇奇怪怪的說法，包括一塊長度達480公里的石英、湖泊與海洋、以及能夠直立行走的有翅類人生物。小赫歇爾在同年稍晚時聽說了這場騙局，據說一開始覺得挺好笑，不過兩年後曾向他的姑姑卡洛琳（卡洛琳本身也是一位知名天文學家）抱怨自己因此收到許多信函。

儘管天文學家努力讓研究工作標準化，繪製月球表面地圖的觀察者所採納的方法，可能會有很大的不同。隨著1820年代攝影技術的發明，這樣的情形發生了徹頭徹尾的改變。最早的攝影技術極其繁瑣，不過到了1839年，路易・達蓋爾（Louis Daguerre）已經拍出新月的第一張照片，約翰・威廉・德雷珀（John William Draper）則在隔年拍出滿月的照片。攝影最終讓科學家能以一定的速度紀錄月球特徵，並製造出永久且合理客觀的紀錄。

20年後，天文學家也開始利用新的光譜學來解讀月球表面的組成。在這裡，稜鏡與後來的光柵與望遠鏡結合在一起。它們將來自太陽、月球、恆星與行星的光分散成彩虹，與這些色光相對的暗色線條顯示出化學元素與更複雜礦物質的存在。兩位在倫敦工作的科學家瑪格麗特與威廉・哈金斯（Margaret and William Huggins）利用這個技術，證實月球沒有明顯的大氣層。月球沒有大氣層的另一個跡象，是當月球邊緣移動到恆星前方時，恆星的光芒會直接消失（若月球有大氣層，光線應該是逐漸減弱），而且月球表面特徵幾乎完全沒有變化。

在同個時代，技術也成熟到讓科學家能探測月球表面的熱能。1856年，蘇格蘭皇家天文學家查爾斯・皮亞茲・史密斯（Charles Piazzi Smyth）率先探測到來自月球的紅外線。紅外線是良好的溫度指標，而在10年後，在愛爾蘭進行研究的勞倫斯・帕森思（Laurence Parsons），也是第一位羅斯伯爵表示，月球表面會因為太陽的緣故而有升溫與降溫的現象，並不是因為月球本身會產生熱能。後來更進步的紅外線技術發現月球表面的熱點，這些熱點在月夜會比周圍環境來的更溫暖，而科學家也因此對月球土壤的性質與它如何保有熱能有了更深入的了解。

到了20世紀，天文臺開始僱用員工，大學也擴大了研究活動。到1960年代，隨著阿波羅計畫的宣布，太空探測器開始取代地面的月球觀察。儘管如此，還是有許多人致力於在地面上進行月球地圖繪製：其中一個著名的例子，是第一個畫出月球南極精確地圖的尤恩・惠特克（Ewen Whitaker），他後來轉到美國國家航空暨太空總署服務，負責辨識出潛在的登陸地點。

在一個世紀前，整個天文界幾乎由無償的業餘愛好者構成，而這些人到了這個時期仍然繼續對天文研究作出貢獻。作家如在1953年出版其經典著作《月球指南》（*Guide to the Moon*）的派屈克・穆爾爵士（Sir Patrick Moore），都幫助普及了對月球的研究，而月球至今也仍然是業餘天文學家的主要研究對象。穆爾等人研究了所謂的「月球瞬變現象」，其中主要指業餘天文學家在月球表面觀察到的變色或發光。這些研究的結果仍具爭議，它們可能是由於地下氣體溢出、月球表面與太陽輻射的相互作用、或是撞擊事件所造成，也可能是地球大氣層改變的緣故，並非月球上任何東西所造成。

與過去相比，現在從地面觀察月球的重要性低了許多。過去20年間建造的大型望遠鏡，例如智利的超大型望遠鏡，都是以更遙遠的目標為對象，例如早期宇宙的星系，很少用於距離地球較近的對象上。然而，有時這些望遠鏡會用來觀察月球，藉此了解其成像的詳細程度。超大型望遠鏡於2002年拍攝月球塔倫修斯環形山區域，展現寬度130公尺區域的細節，至今仍是從地球拍攝到銳利度最高的圖像。（這仍不足以看到阿波羅的登月小艇，所以無法反駁那些認為阿波羅計畫偽造登月紀錄的惡意中傷，不過從月球軌道拍攝到的圖像，確實能清楚看到這些宇宙航行器。）

如今，沒有任何地面觀測站能與月球附近宇宙航行器傳回的圖像相媲美，而月球仍然是任何人第一次用望遠鏡觀察的最愛。（如果你還沒用望遠鏡進行過觀察，作者在此強烈推薦。）儘管如此，太空時代之前幾世紀的研究工作，無論是用眼睛觀察月球，用儀器測量月球的位置，以及用望遠鏡繪製月球地圖等，都為人類留下了龐大的遺產。這樣的工作將天空中的一個物體從神祇變成一個世界、一個計時器，以及一個導航工具。我們鄰居的特徵如環形山、山脈山脊與月丘，全都變得非常明顯，這也讓月球成為太空任務的目的地，以及人類可以開始參觀的地方。

浪漫——
月的意象；象徵性與崇高性

若要你想想科學裡的月亮圖像，你可能會想到1960年代阿波羅任務中拍攝的任何一張照片；若要人想想科幻小說裡的月亮圖像，很多人可能會聯想到20世紀的電影劇照，或是色彩豔麗的書封；然而，若要想想藝術中的月亮，尤其是歐洲藝術，那麼你可能會想到像是威廉·透納（J. M. W. Turner）、卡斯巴·佛烈德利赫（Caspar David Friedrick）、菲利普·詹姆斯·德·盧戴爾布格（Philip James de Loutherbourg）或德比的約瑟夫·賴特（Joseph Wright of Derby）等畫家筆下的夜景。在18世紀末19世紀初，繪畫中出現了許多相當引人注目的月亮圖像，數量比任何其他時期都來得多。德國畫家卡斯巴·佛烈德利赫畫了幾十幅人物畫，其中有些已是該時期最著名的畫作，畫中人物或獨自一人或成群結隊，都背對著觀賞者，靜靜地看著背景中的月亮。透納畫了許多帶有藍色月光的水彩畫與油畫，擁抱著月亮所營造的神祕氣氛。

這些月景並不總是寧靜的。在同一時期，我們也看到許多以自然災害和人為災害為題、戲劇性十足的可怕圖像，描繪著沉船、雪崩、暴風雨，或是被明亮月光襯托得讓人感到毛骨悚然的廣闊群山。那時候的詩歌與小說也是如此，月亮幾乎就像一種道具，一種創造情緒的主要成分，用來表示危險、厄運，或是以戲劇性的方式來照亮一個場景。巧合的是，當透納、佛烈德利赫與其他人巧妙畫出一幅幅月景時，古典音樂界也出現了一首比其他作品都更讓人聯想到月亮的作品：路德維希·范·貝多芬（Ludwig van Beethoven）的第14號鋼琴奏鳴曲，也就是為人所熟知的《月光奏鳴曲》。這首樂曲創作於1801年，共有3個樂章，充滿著憂鬱、痛苦的情緒。將樂曲與月亮聯想在一起的並非作曲家本人，而是作曲家的一位詩人朋友。這位詩人朋友在多年以後表示，這首著名作品的第一樂章讓他聯想到月光反射在盧森湖的景象。

當時的人為何對月亮如此癡迷？其中大部分可以用浪漫主義時期盛行的態度與美學來解釋。有很長的一段時間，作家與藝術家更加關注科學、研究與所有能測量並分類的事物，而到了浪漫主義時期，他們變得更著重感覺、感受，以及如何讓人的形象融入更廣大的精神與物理世界脈絡中。因此，無論在文學或視覺藝術中，地理景觀，尤其是戲劇性的夜景，經常被用來表達情感與創造情緒。18世紀是啟蒙與理性的時代，它帶給我們地圖、鐘錶、圖解集、系統分類、新儀器、研究院，甚至是氦氣球形狀的飛行器。我們幾乎探索了整個地球，正試圖理解這一切。這也是為什麼人的觀點會轉變到更個人化、更人性化的層面。如果你搭著熱氣球升空後從上往下看，人類很快就會縮小到跟螞蟻一樣的大小，事實上，原本從地面上看來如此巨大、如此重要的整個人類世界，也變得令人擔憂地微小。在許多方面，浪漫主義運動的風格與意象選擇，是對以客觀科學為中心的18世紀早期的一種創造性反應。

月亮對畫家的吸引力，尤其與風景畫這種繪畫類別的興起有關。數世紀以來，肖像畫與大型歷史繪畫一直是藝術界的主流，但是到了18世紀後期，一般已經可以接受一個人畫下他眼前所見，也就是他周圍的真實風景，而且悠閒旅行很快就成為流行的消遣，若是夠有錢，更可以去義大利來趟壯遊，並在途中記下見聞。有很長的一段時間，義大利風景與古典意象成了歐洲文化主流，沐浴在陽光下的高雅白色建築與裝飾，常見於繪畫作品中。然而，在前往羅馬的途中，18世紀與19世紀期間勇敢無畏的旅行者，必須要克服一個主要的障礙，也就是阿爾卑斯山。而就在這個地理位置，如畫風景與雄渾壯麗產生了交集。

對許多藝術家來說，大自然是一股強大的力量，早在18世紀就被貼上雄渾壯麗的標籤。所謂的雄渾壯麗，與可測量、可預測的美恰好相反。它超出人類控制與合理化的範疇；那些結構與事件讓我們感到敬畏、恐懼與驚奇。對畫家或詩人來說，月食、海上月升，或是月亮戲劇性地照亮著阿爾卑斯山上的大片雲層，都會被轉譯成一件帶有崇高元素的畫作或詩篇，在那裡，月亮並沒有被製成圖表，也沒有受到分析，而是用以創造敬畏感的關鍵元素。德比的約瑟夫·賴特的每件畫作，幾乎都可說是這類作品的早期範例，這位畫家對明暗對比特別感興趣。稍晚，最佳的範例可能是透納的作品，那些通常都是山景或海景。這種對雄渾壯麗的興趣，到19世紀末期依然明顯，但往往帶有道德的底色，例如約翰·馬丁（John Martin）氣勢恢宏的聖經故事繪畫，而且人們似乎覺得這些作品不夠壯麗，有時還會將它們放在畫廊中，搭配戲劇性的燈光秀來展示。在這樣的脈絡下，月亮是一個場景與情緒的設定者；它就好比現代戲劇中的舞臺燈光，能幫助凸顯出情感內容，強調並生動地表達出情節轉變。而且到頭來，也有助於娛樂觀眾。

也許讓人驚訝的是，浪漫主義的想像在很大程度上也受硬科學的影響，儘管許多對於月亮與天空的描繪顯得不切實際且主觀。藝術家與詩人就和科學家一樣，忙著仔細觀察自然與宇宙現象。對許多人來說，從自然和在自然中工作（外光主義）是非常重要的，他們更是非常精確地畫下了包括雲、彩虹、日出與月相等在內的自然現象。講到結合科學與主觀性的浪漫主義，德國劇作家暨詩人約翰·沃夫岡·馮·歌德（Johann Wolfgang von Goethe）是個很好的例子，他對月球非常感興趣，甚至取得了約翰·施羅特（Johan H Schroeter）巨作《月球地形圖》（*Selenotopographische Fragmente*，1791年出版），並邀請朋友到家裡賞月，還自豪地宣布他已經架設好3臺望遠鏡。這並沒有影響到他的詩歌創作，在他的作品中，月亮總是愛情、性慾、偷窺，甚至於老年和死亡的象徵。他自己的月球表面素描則集結了科學與愛：這些作品是對自然的觀察，同時也散發出深沉憂鬱的感覺，後來更被送給摯友夏洛特・馮・史坦（Charlotte von Stein）作為情意的象徵。而這些精美畫作中的月亮，也成了這對佳偶愛情與友誼的親密象徵語彙。

月亮與愛情和浪漫的關聯自古以來就存在，儘管它與死亡也有另一種矛盾的關係。這也許因為月亮與黑夜的關聯性是更為直接的，它用一張熟悉且友好的面孔照亮黑暗，相較於耀眼的陽光，月光是更隱密、更具促成性的。這又或許來自女性氣質與月亮之間的關聯，在古希臘與古羅馬的宗教象徵中，月亮通常由貞節女神如阿提米絲、黛安娜、黑卡蒂等為代表，甚至在基督教神學取代古代宗教時，聖母瑪利亞也與月亮有著密切的關係。浪漫主義作家傾向用月亮的意象來描寫美麗的女人，或是與之相比擬。這也可能是因為月亮與瘋狂的關聯，畢竟它在過去曾被認為會導致瘋狂，這樣的關聯性能潤滑著人的慾望、消除禁制。

無論是何種方式，在過去幾百年來，畫家與作家都知道月亮作為主題的情色效力：在莎士比亞的《威尼斯商人》中，羅倫佐滿懷熱情地向潔西卡訴說著月光與它的感性特質：「看這沉睡在岸邊的月光何其柔美！讓我們坐在這裡，且讓樂音悄悄滲入我們的耳朵：柔和靜謐的夜晚，化為陣陣輕撫的甜蜜和諧。」羅密歐在「聖潔月夜」向茱麗葉示愛，茱麗葉則明智地表示了她的疑慮，提醒她的戀人，月亮有著多變與不可靠的性質。

從夜幕下的愛情幽會，到非法、禁止、危險與不可預知的概念只是一小步，而這些都是雄渾壯麗風格概念的元素。在哥德式小說中，月亮展現了它的兩面性，謀殺與超自然事件往往發生在月光下，或是在夜間暴風雨、雷聲與閃電的背景下。據稱，瑪麗・雪萊（Mary Shelley）在某一天晚上醒來，凝視著撒入房間的月光，因而有了靈感，寫下《科學怪人》（*Frankenstein: Or, the Modern Prometheus*，1818年）。

當浪漫主義藝術家與作家擁抱月亮的情色聯想時，月亮更可怖的一面顯然讓他們感到更加興奮，引導著他們走向危險與厄運的主題。例如，瑪麗・雪萊的丈夫，詩人珀西・比希・雪萊（Percy Bysshe Shelley）就在《殘月》（*The Waning Moon*，1824年）一詩中將月亮和死亡關聯在一起，甚至暗示了月亮與精神錯亂的關係：「瘦弱蒼白宛若瀕死的女人，步態蹣跚，輕紗遮掩，精神恍惚地走出房間，凋零的大腦讓她虛弱地四處徘徊，月亮在黑暗的東方冉冉升起，模模糊糊，一片白茫。」

在後浪漫主義時期，月亮繼續在許多文化層面中被用作愛情與厄運的象徵。在維多利亞時期的繪畫裡，月亮常常出現在荒涼景象中，也伴隨著失勢失寵或即將失勢失寵的人物出現。在透納的夜景畫中，月亮也常常被用來增添憂鬱感與氛圍。畫家如約翰・阿特金森・格倫索（John Atkinson Grimshaw），會運用月亮的元素，營造出都會夜景畫的怪異恐怖氛圍，而詹姆斯・惠斯勒（J. A. M. Whistler）則設法將月光融入建築物密集的工業時期倫敦，並將之稱為「交響曲」。這些藝術家並不會迴避在都會背景下描繪月亮，就如許多20世紀早期與中期的藝術家如保羅・納什（Paul Nash）與約翰・派博（John Piper）等，他們有時被稱為「現代浪漫主義藝術家」。

在精緻藝術外的範疇，月亮在流行文化中同樣也勢頭漸勁，成為愛情、親情，甚至頑皮淘氣的一個簡單易認的象徵。隨著明信片的出現與攝影技術普及，我們看到月亮以令人作嘔的甜美彩色設計出現在情人節卡、聖誕節卡與一般的明信片上（參考第114至115頁）。兒童常被放在硬紙板做成的月亮上，這讓人聯想到古典大師畫作中坐在雲端的男童天使，而情侶在搖搖欲墜的彎月上親吻或調情的形象，也非常受到歡迎。月亮更吸引人的一面自然也會被運用在廣告中，有時候會被用來喚起一種地理上的異國背景，通常用於進口的商品如咖啡、香料或菸草等。情色元素一直都存在於19世紀末與20世紀初的這些明信片與海報中，這一點在1920年代美國藍月絲襪公司的一則廣告就很明顯（參考第113頁），廣告中有一名穿著長絲襪的女性，以誘人的姿態輕倚著彎月，形象大膽。

在浪漫主義時期，月亮照耀著戀人與殺手、浪漫與犯罪、以及美麗與毀滅的景象。無論在過去或現在，它都被用來表達憂鬱與沉思冥想，然而，它的象徵性也許因為暴露在主流而有所減弱，或是因為我們想要把它恢復到不是那麼具威脅性且充滿情感的位置，當成良伴來看待。自19世紀以來，它逐漸成為通俗藝術與廣告中一個易讀、輕鬆且有效的符號。

抵達——人類的登月幻想史

想要登上距離我們最近的天體、前去探索甚至征服殖民，長久以來一直是人類的夢想。這樣的想法在小說、非小說與諷刺作品中規律地反覆出現，而且文體類型之間的界線往往是模糊的。將這些文本結合起來的，是抵達地球界線之外、征服天堂、最終征服其他世界的野心。對科學家、哲學家與講故事的人來說，最有趣的一個問題，在於月球上是否有任何文明。那兒有沒有外星生命形式，可能質疑我們在宇宙中的位置，對我們造成危險？無論如何，它們至少為故事提供了絕佳的素材。

我們現在認為，想像中的宇宙航行是19世紀與20世紀科幻小說與電影的熱門主題，而且其著眼點在於科技。然而，對月球景觀與居民的假設其實有著悠久的歷史，時間可回溯到幾千年前。公元前5世紀奧菲斯詩歌的片段，就曾提及月球文明的景象：「他創造了另一個龐大的世界，諸神將之稱為塞勒涅，地球居民則將之稱為密尼，那是個有著許多山脈、城市與大宅華邸的世界。」

公元前1世紀，希臘學者普魯塔克寫了一篇虛構的對話，包括數學家、哲學家與旅行者在內的8人討論了月球表面的外觀與結構，以及月球生命形式的可能性。順帶一提的是，這篇題為〈關於出現在月球的臉孔〉（Concerning the Face Which Appears in the Orb of the Moon）的文章將「月亮上的臉」引介到書寫文化之中。這是文學作品中初次出現月亮臉孔的擬人圖像，儘管文中確實指出，月球上的任何人影都有可能是視覺錯覺。普魯塔克給了我們一些美麗的比喻，例如將月球喻為「玻璃似的球體」，或是「反射大海的鏡子」。

相形之下，另一個有關月亮的經典古代文學作品則出自琉善（Lucian of Samosata）之手，描繪完全幻想的月球之旅。這件公元2世紀的作品可能是對於「舊作家」的諷刺回應。這是文學作品中初次詳細記述下幻想的登月之旅，文章被收錄在一系列名為《真實故事》（*Vera Historia*）的故事中，每篇故事都與真實情況恰恰相反。事實上，作者在序言中稱自己為騙子，後來也表示，讀者「無論如何都不應該相信這些故事。」就如大多數早期月球科幻小說，琉善將月球描繪成一個居住了許多奇怪生物的地方，有些半動物半植物，而且還詳盡介紹了它們奇特的繁殖方法。

17世紀早期望遠鏡的發明，微妙地改變了作家對月球表面的設想，不過有關月球表面理論與月球居民故事等方面，並沒有因此變得更不天馬行空。

德國科學家約翰尼斯・克卜勒在這方面是個很奇特的例子。克卜勒一生都對天文學、占星術與數學感興趣，曾出版許多重要的科學著作。不過他也寫過一個很有趣的故事，以月球航行為題，摻和了嚴謹的科學與高度的幻想，題為《夢》（*Somnium*）。在克卜勒的故事中，登上月球之舉是在一個友善的惡魔的協助下才得以達成。克卜勒利用小說來描繪他對月球地理的理解，他的月球有山脈有環形山，這些在當時都只存在於理論中；他也從月球表面的角度來呈現宇宙的觀點，藉此支持哥白尼的理論；此外，也提出了太空旅行的危險，包括太陽輻射、冰凍低溫與缺乏氧氣。克卜勒這個寫作於1608年的故事，在許多層面上都展現出令人驚訝的先見之明。

在航空與太空探索時代之前，太空旅行的方式是月球小說的一個主要主題。琉善筆下的旅人是在持續旋風的幫助下，偶然抵達月球，而克卜勒則有帶有民俗色彩的惡魔。在其他前太空時代文學中，不乏將主角帶到太空的成群鳥兒、綁在旅者身上的自製風箏，或是複雜的翼式飛行器等，其中部分翼式飛行器外觀狀似18世紀末期發明的熱氣球。

德國作家魯道爾夫・埃里希・拉斯伯（Rudolf Erich Raspe）在18世紀晚期的小說《閔希豪森男爵在俄羅斯的奇妙旅程與戰役》（*Baron Münchhausen's Narrative of his Marvelous Travels and Campaigns in Russia*，1785年出版），是一個以第一人稱撰寫的小說，描述愛吹牛的貴族閔希豪森男爵的成就與冒險，包括騎乘砲彈、水下旅行，以及兩次登月旅行。他第一次登月是爬著一株土耳其豆科植物上去的，他將這株植物掛在彎月之上（參考第53頁）。第二次登月是乘船，這艘船被強大的風暴捲起，直接把他送上了目的地。月亮上住著跟人類很像的人物，他們的眼睛和頭都是可以拆下來的，肚子也可以像手提包一樣撐開。這些居民不會死亡，在年老時會溶解在稀薄的空氣中。這本極其滑稽的作品為社會諷刺作品，它很快就被翻譯成英文，在國際上引起極大迴響。閔希豪森男爵對月球與其居民的看法，很可能給1835年月球大騙局的描述帶來了靈感（參考第160至161頁）。

月亮大騙局之後的一個世代，法國作家朱爾・凡爾納寫下了歷史上最受歡迎的兩個月球探險故事：1865年的《從地球到月球》與1870年的續集《環繞月球》。凡爾納用一門威力強大的大砲將他的主人翁送上月球，預言了百年以後農神5號運載火箭將人類送上月球之事。凡爾納的月亮小說自出版後從未絕版，也催生了無數的電影改編，激發了喬治・梅里葉製作《月球旅行記》的靈感。梅里葉將月球描繪成一張巨大的人臉，讓火箭降落在眼睛的圖像，已成為流行文化中最著名的一張月球圖像（參考第74至75頁）。凡爾納也在音樂上留下了印記：賈克・奧芬巴哈（Jacques Offenbach）在1875年寫下的歌劇《月球旅行記》，就是受到凡爾納故事的啟發。

梅里葉的電影只是科幻小說登上大銀幕的開始。1929年，梅里葉的下個世代，弗里茨・朗製作了一部電影《月亮上的女人》，將一名女性放在太空旅行的中心。本質上，這是一部以月球為背景的情節劇，太空船以劇中戀愛角色芙里達為名。火箭的設計太過寫實，以至於這部電影在幾年後被納粹禁止，因為納粹認為電影中的火箭與他們正在祕密研發的V-2火箭太過類似。另一方面，朗氏電影中的月球景觀仍是令人愉悅且不切實際地粗劣，這種情形在當時的文學與電影中很常見，一直到1950年代與1960年代月球特寫攝影出現才逐漸改善。

現代科幻小說的另一個大人物，是在20世紀之交寫作出版的英國作家H・G・威爾斯，那是個人們對太空探索的興趣又重新燃起的時期。探索地球的時代已經接近尾聲，地球的測量與地圖繪製工作幾乎已經完成，人們還能往哪兒去？於是就跨出地球，朝太空前去。威爾斯也見證了機動運輸、商業航空旅行，以及電話等新興通訊方式的興起。作家、科學家、發明家與政治家都把注意力轉向更遙遠的世界，開始想像能把我們帶上月球的強大機器。

威爾斯寫了許多有關時空旅行的故事，其中包括以火星為中心的《世界大戰》（*The War of the Worlds*，1879年出版），這個故事也在1938年被奧森・威爾斯（Orson Welles）改編成廣播劇。威爾斯的月球之旅故事《月球上最早的人類》（*The First Men in the Moon*）於1900至1901年間以連載形式出版。他的主人翁以讓人印象深刻的自造太空船抵達月球，而當威爾斯討論到零重力、失重與稀薄大氣等諸多層面時，聽起來都很合理也很科學。威爾斯大筆一揮，讓他的月球上住滿了奇特的野獸與植物。他將故事中相當不受歡迎的月球土著稱為塞勒尼特人，與梅里葉的《月球旅行記》相同，是對希臘月神塞勒涅的致意。

儘管月球旅行的方式不斷演變，越來越接近最終在現實生活中將人類送上月球的火箭技術，透過翅膀、鳥兒、風與飛行器等方法進行月球旅行所具有的魔力，在兒童文學中歷久不衰。狄奧多・史篤姆在1849年為兒子寫了《睡不著覺的小海維曼》（參考第171頁），描述一個小男孩乘著自己的小床，從房間窗戶飛了出去，最後抵達（男性）月亮身上，還頑皮地撞上了月亮的鼻子。月亮很生氣，所以關了燈，把小男孩扔進海裡。在另一則童話故事，格特・馮・巴塞維茨於1915年寫下的《小彼得的登月之旅》（參考第72頁）兩個孩子在晚間踏上前往銀河的旅程，最終抵達月球。他們騎在大熊（大熊星座）的背上，被「月亮大砲」發射到月球的山上，還和好鬥的「月球人」戰鬥。

時至今日，月亮仍是兒童文學、動畫、詩歌與音樂中備受人們喜愛的神祕與小說對象，不過也許不令人感到訝異的是，自從人類1969年登上月球以後，它再也不是科幻小說的焦點。當我們終於征服它的時候，我們也不可挽回地失去了部分神祕感，想像力也轉向別處，例如火星與更遙遠的地方。然而，作為形而上學的象徵，月亮並沒有失去任何效力。

旅行——從太空競賽到阿波羅時代之後

第二次世界大戰末期，蘇聯與美國都意識到V-2火箭可怕強大的威力，自1944年起，這些遠程火箭就被用來轟炸英國、法國北部與荷比盧等低地國家。之後，兩大強權都開始為自己的軍事計畫，搜尋納粹德國的導彈專業與專家。

二次大戰一結束，緊接而來的是西方陣營與東歐集團相對峙的局面。資本主義與共產主義體系之間超過40年對抗的冷戰正式展開，每個陣營都將軍事技術的發展列為優先。美國壟斷核武的時間並不長，只有從1945年第一次（而且是迄今唯一的一次）將核武用於戰爭轟炸廣島與長崎，一直到1949年蘇聯試射原子彈為止。這兩個超級強權起初都是倚賴傳統轟炸機，不過也都明白火箭運載系統（導彈）的重要性，因為這種系統可以在不到一個小時的時間內將核武運到目標。德國火箭工程師被帶到美國與蘇聯，將他們的知識用在火箭發展，最終研發出在冷戰時期帶來核恐懼的洲際彈道飛彈。

在軍備競賽的同時，也有更多比較和平的計畫在發展。為納粹打造了V-2火箭，在佩內明德火箭基地奴役勞力而聲名狼藉的德國科學家韋納．馮．布勞恩在戰後來到了美國。也許為了自身利益，他很快地成為美國公民與民主的倡議者。他自青年時代對太空探索的熱情，終於在美國有所發揮，研發出最終將太空人帶上月球的農神號火箭。

在1957年10月4日蘇聯發射史普尼克號人造衛星以後，「征服太空」成了美國決策的中心。蘇聯的人造衛星並不大（直徑58公分），在進入軌道後發出了簡單的嗶嗶聲，世界各地的業餘無線電都收到了這個訊號。同個時期，美國衛星計畫則在第一次發射失敗以後搖搖欲墜，甚至遭到媒體無情抨擊，斥為「flopnik」。（譯注：flop為失敗之意，改自蘇聯「Sputnik」史普尼克號。）

一個月後，史普尼克2號將第一隻動物送上軌道：牠名叫萊卡，是一隻來自莫斯科的流浪狗。雖然當時的蘇聯宣傳聲稱萊卡在軌道上活了一週，後來在軌道上無痛地死去，不過在2002年，一位俄羅斯歷史學家透露，這隻太空狗在發射後幾小時內就死於過熱與壓力，從來沒有人期望牠能活下來。隨後的一項太空任務又重複了同樣的實驗，這次送了兩隻狗斯特雷卡與貝爾卡上太空，並讓牠們安返地球。

烏克蘭人謝蓋爾．科羅列夫是蘇聯太空計畫的主導人，在那個時期並不為西方世界所知。科羅列夫出生於1906年，是一名航空工程師，1938年在史達林一次大清洗被捕後，在古拉格（蘇聯政府的勞改營管理總局）待了6年。獲釋後，科羅列夫設計了蘇聯的第一枚遠程導彈，成為蘇聯太空計畫的首席設計師，並推動月球探測與太空人的登月旅行。科羅列夫於1966年因癌症手術失敗去世，此後，他的身分才被公開。

1958年4月，美國將其第一顆衛星探險者1號送上軌道時，蘇聯的領先地位似乎很明顯（儘管只是因為他們的失敗任務沒有被報導出來）。雖然探險者號讓美國稍微重拾信心，此時的蘇聯已經開始向月球發射最早的探測器。月球1號被送到距離月球6,000公里的地方，後來也成為第一個進入太陽軌道的探測器。月球2號更為成功；它在該年9月13日登月，是第一個到達另一個世界的人造物體。月球3號在一個月後發射升空，並傳回了第一批月球背面的圖像。這些模糊的相片顯示，月球背面與能夠用地面望遠鏡觀察到的正面相當不同，環形山比較多，表面平滑的月海比較少。

在美國這邊，則有5艘先鋒號太空船將目標對準月球。其中，有1艘發射失敗，3艘未能達到軌道，只有先鋒4號獲得些許成功，達到距離月球表面不到6萬公里之處。

與此同時，蘇聯的勝利則在1961年4月尤里・加加林成為第一個進入太空的人類時達到新的高峰。加加林從白寇奴爾的發射站升空，完成繞行地球的壯舉，最後在中亞降落。他因此成為民族英雄，獲頒列寧勳章，卻不幸在1968年死於空難。

美國總統約翰・甘迺迪（John F. Kennedy）在加加林飛行前的3個月就任，甘迺迪於1962年7月在國會發表的演說，以及同年9月在萊斯大學的演講，為美國的太空競賽注入了活力。甘迺迪在水星計畫4次成功載人飛行後發表演說，在這4次飛行中，只有最後兩次將太空人送上軌道。甘迺迪說：「我們選擇在這10年登上月球，並進行其他計畫，並不是因為它們很容易，而是因為它們很難。」他向美國人民承諾，要實現一個遠大的目標，將人類送上月球，並讓太空人安全返家。

當時所有的美國太空人，以及除了范倫蒂娜・泰勒絲可娃以外的所有俄羅斯太空人，全部都是男性。1960年，一群美國女性獲得私人贊助，參加了「第一夫人太空人訓練」，其中有13名獲得下一階段進入佛羅里達海軍航空學院的資格。然而，在沒有美國國家航空暨太空總署正式要求的情況下，這個階段被取消了。此外，美國國家航空暨太空總署也只接受擁有工程學位的軍事試飛員，這對當時的女性來說是不可能的，儘管美國國會因此舉行聽證會，這些太空人候選人的資格並沒有恢復。一直到1983年，莎莉・萊德（Sally Ride）才成為美國第一位女太空人，而直到1999年，艾琳・柯林斯（Eileen Collins）才成為第一位執行太空任務的女指揮官。

儘管如此，美國國家航空暨太空總署確實在幕後雇用女性作為「電腦」，這是遵循一個陳久以來的傳統，認為重複計算這種單調沉悶的工作適合由女性擔任。凱薩琳・強森（Katherine Johnson）在美國國家航空暨太空總署任職數十年，在阿波羅計畫時期，負責確保阿波羅計畫太空船能成功對接的關鍵工作，她在2015年獲頒總統自由勳章。另一位獲頒勳章的女性是瑪格麗特・漢密爾頓（參考第104

至105頁），在當時負責領導開發阿波羅導航軟體的團隊。

甘迺迪總統在1962年發表的演講也承認登月計畫的成本極高，該年度的太空預算比前8年的總和還要高。1960年代中期是美國太空計畫的巔峰時期，美國國家航空暨太空總署在政府開支中所占比例超過4%，今日則在0.5%左右。

登月計畫需要政治支持，也需要工程上的進步。這些都到位以後，還需要針對月球表面進行詳盡規劃，才能辨識出足夠平坦、適合載人飛行器降落的地點。在研發太空船的同時，美國與蘇聯的太空計畫都持續為此目的向月球發射太空探測器。

自1961年至1965年，美國進行了系列太空任務游騎兵計畫，開始時雖有幾次任務失敗，不過最後3艘太空船（遊騎兵7、8與9號）還是撞擊了不同的月表地點，並在途中傳送了月球表面的近拍圖像。這些照片的銳利度是地面望遠鏡照片的1,000倍，顯示出最小尺度上崎嶇不平的地貌，揭露了為阿波羅登陸小艇尋找安全降落地點的困難度有多高。

同一時期，蘇聯太空計畫在經歷幾次失敗以後，月球9號終於在初次在月球上軟著陸，並將第一批來自地球以外世界的圖像傳送回地面上。傳送訊號被英國卓瑞爾河岸無線電觀測站接收，他們從《每日快報》（*Daily Express*）辦公室借來了機器，將數據解碼，重新製作圖像，而《每日快報》也在隔日就發表了這張照片。

美國國家航空暨太空總署同樣也派出測量員號測試軟著陸的能力，運用制動火箭來減速，7次嘗試中有5次成功。就像月球9號，這些探測器也將月球表面的照片傳送回地面。5艘太空船完成登陸，在1966與1967年間繪製了99%月球表面的地圖，而且特別將焦點放在潛在登月地點。

與此同時，雙子星計畫則讓太空飛行往前邁進，進行2次無人試飛與10次載人飛行，每次載著2名太空人進入地球軌道。該計畫將人類停留在軌道上的時間延長到兩週，初次測試了太空船之間的對接，進行了美國的第一次太空漫步，並增進導航能力，這些全都是登月計畫的先決條件。

至此，阿波羅計畫的舞臺已經搭載完成。到1967年，運載火箭農神5號也準備就緒。這是馮．布勞恩主導下的成果，當時他已經是美國國家航空暨太空總署馬歇爾太空飛行中心主任。登月任務的有效負荷設計包括：一個負責將組員送入太空的指揮艙，以及能分離以重新進入大球大氣層並在海洋降落的部分；帶有引擎與電源的服務艙；和讓2名太空人降落在月球上、並將他們送回指揮艙返航的登月艙。

阿波羅1號於1967年2月進行首次飛行，計畫將維吉爾．葛利森（Virgil Grissom）、愛德華．懷特（Edward White）與羅傑．查菲（Roger Chaffee）送上地球軌道。在發射臺上進行的一次測試中，3名太空人被鎖在指揮艙內，一個火花引發了一場迅速蔓延的大火，當時使用的高壓純氧大氣更是助長了火勢。救援人員無法打開艙門，導致3名機組成員全部罹難。經歷了如此可怕的挫折之後，載人的阿波羅號飛行被推遲了將近2年的時間，不過農神號火箭的試飛並沒有中斷。

1968年10月，阿波羅7號再次將一組機員送上地球軌道，成功測試指揮艙與登月艙的對接，這個操作對於成功接回組員返航至關重要。阿波羅8號任務更是雄心勃勃。1968年12月12日，弗蘭克．博爾曼、詹姆斯．洛維爾與威廉．安德斯乘坐農神5號火箭進入地球軌道，之後開始了他們的月球轉移軌道射入，設定了前往月球的路線。這趟旅程將他們第一次帶上月球並進行繞行，來到沒有無線電通訊的月球背面。機組人員在成功返回地球之前完成繞月10周，並在平安夜透過廣播朗誦了《創世紀》第1章，以「晚安，祝好運，聖誕快樂，上帝保佑你們所有人，在美好地球上的所有人」作結。

1969年4月發射的阿波羅9號，在地球軌道上進行了一系列較長時間的對接與操作演練。阿波羅10號則進行了著陸彩排（參考第62至63頁），其登月艙分離並來到距離月球表面16公里處。

1969年7月16日，一枚農神5號火箭從美國佛羅里達州甘迺迪太空中心發射升空，開始了阿波羅11號任務，將尼爾．阿姆斯壯、麥可．柯林斯與伯茲．艾德林等人送上地球軌道。農神火箭的第3級推進器在2小時44分鐘以後發射，3名太空人開始朝著月球前進。

阿波羅11號於7月19日抵達月球軌道，阿姆斯壯與艾德林隔天就進入了登月艙。前往月球表面的戲劇性旅程包括最後一分鐘為了避開一座環形山而進行的航道修正、意外警報（後來確定是電腦重啟造成），以及低於30秒的燃料儲備。這段有5億多觀眾觀看直播的著陸畫面，通過太空人向任務指揮中心斷斷續續發出的訊息，來追蹤他們的下落。經過2小時半的飛行以後，阿姆斯壯發出訊息：「休斯頓，這裡是寧靜海基地，老鷹號已經降落。」甘迺迪總統在7前年設定的目標，終於實現。

老鷹號的機組人員本應睡覺，不過卻都在為幾小時後的漫步進行準備。7月21日，他們打開艙門，12分鐘後，阿姆斯壯開始爬下梯子。他走了下來，一隻腳踏在月球表面，說道：「這是我個人的一小步，卻是全人類的一大步。」阿姆斯壯與艾德林在月表花了大約2個半小時的時間，採集岩石樣本、設置地震儀、雷射反射器、太陽風組成實驗、並在月表插上美國國旗和印有「我們為全人類和平而來」字樣的匾牌。

經過7小時睡眠、在月表停留21小時36分鐘以後，引擎終於點燃，將兩名太空人載回指揮艙與留在指揮艙等待的柯林斯身邊。（阿姆斯壯在爬回去的時候折斷了引擎點火開關的把手，還好臨場發揮用鋼筆解決了問題。）機組人員於7月24日平安返回地球，在隔離區待了21天，畢竟當時沒有人能完全確定月球沒有生命。結束隔離後，3名太空人前往紐約市，受到紐約市史上最盛大的紙帶遊行歡迎。這本書的兩位作者都不記得阿波羅登月，不過阿姆斯壯的輕語依然引起共鳴，尤其是它們對不同時代的象徵意義之上。

在17次阿波羅任務中，只有12名太空人分別於6次任務中踏上月球，而且在每次任務中，假使出了什麼問題，機組人員都不可能獲得援救。其中一次，也就是阿波羅13號，幾乎以災難告終。1970年4月13日，在飛行56小時後，阿波羅13號的2號氧氣槽爆炸，並造成1號氧氣槽破裂，同時關閉了提供電力的燃料電池。此時，太空人距離地球約32

萬公里，他們決定繼續前往月球。機組人員搬到未受損的登月艙，因為足智多謀、能節約用水、以及導航上的一些好運氣而能存活下來。當時的導航系統仍然倚賴六分儀。

所有阿波羅計畫的機組人員都很幸運，能避免太陽閃焰與太陽物質的噴發，這些都可能導致危險的輻射水準，對位於太空船外的太空人尤其危險。有些具有爭議的證據顯示，太空人受到的輻射會提高罹患心臟病的機率，健康風險仍然是未來太空旅行者需要嚴重關切的層面。

阿波羅15號、16號與17號計畫將月球車載上了月球。月球車是一種電動汽車，大大延伸了太空人可以偵察的距離，最高速相當於地球上的自行車。由於月球車之故，機組人員得以旅行到著陸地點周圍幾十公里之處。

1972年12月，阿波羅計畫宣布告終。阿波羅17號的機組人員包含地質學家哈里遜・舒密特，舒密特是唯一一位踏上月球的科學家，曾花了2個多小時探索月球表面，辨識出後來證實與某次古代火山爆發有關的橙色土壤。阿波羅17號任務帶了115公斤的樣本回到地球，於12月19日在海中降落。

甘迺迪的誓言已實現。由於預算壓力，美國國家航空暨太空總署在兩年前取消了阿波羅18號、19號與20號計畫，打消了探索哥白尼環形山與第谷環形山的雄心壯志。在此後將近半世紀的時間，儘管3位美國總統（老喬治・布希、他的兒子小喬治・布希與最近的唐納・川普）曾有過這樣的野心，以及世界各地太空總署的誓言保證，仍沒有人再次踏上月球。

蘇聯的探測器號計畫受到的關注度不高，但一直企圖超越美國，直到1969年成功登月。由於該計畫採用了一種新型卻有問題的運載火箭，許多任務都失敗了，即使是成功的飛行，也都受到技術故障所困擾。蘇聯工程師測試著一艘類似聯盟號太空船的運用（一直到今天，將太空人載到國際太空站的仍為該系統的更新版本）。以4艘探測器號攜帶著模組繞行月球，其中探測器5號在1968年9月更是載著包含2隻烏龜、昆蟲、植物、細菌與一個人體模型的「機組成員」，於6天後它們安全返回地球。然而在阿波羅計畫成功登月以後，探測器號計畫就被悄悄地取消了。

儘管放棄將太空人送上月球，蘇聯蘇聯的科學計畫仍然一直延續到1970年代。月球號探測器在月球著陸，並將岩石樣本運回地球，最後一次執行任務的時間是1976年。月球步行者1號與2號是第一批在另一個世界地表行駛的遙控車，分別運行了11個月與4個月。月球步行者2號行駛了37公里，而且很長一段時間也是遙控車行駛距離紀錄的保持者，一直到43年後才被美國國家航空暨太空總署的火星機遇號探測車超越。

阿波羅計畫以後，美國國家航空暨太空總署的開支下降，也開始將精力集中在美國太空梭計畫。至此，兩個超級大國都開始探索其他目標。美國有航海家1號與飛往火星的維京號登陸艙，蘇聯則有金星計畫，傳回有關其他行星的科學數據與驚人圖像，這些全都比單一一次阿波羅號飛航的成本來得低。除了一次利用月球引力加速已進入太陽系的任務以外，自1967年之後的14年間，再也沒有探測器被送去月球。

美蘇兩國在發射載具方面雙頭寡占的局面，隨著1965年法國從阿爾及利亞發射阿斯泰利克斯號衛星（Astérix satellite）而宣告結束。中國隨後在1970年發射東方紅1號，這個衛星播放了歌頌當時毛澤東領導思想的《東方紅》音樂。日本在同年稍後發射了一顆衛星，英國則在1971年發射了迄今唯一的一顆衛星，而印度則在1980年加入太空俱樂部。歐洲太空總署於1975年成立，最初由10個成員國組成。

各國太空總署之間以及私人機構在太空合同上的競爭，都讓成本下降，使得發射衛星到地球軌道成了例行公事。相較之下，太空任務的可接受成本比過去來得低，科學與工程團隊以更小的運載工具來迎合這樣的需求，計算能力的步驟變更也有助於這樣的實踐。儘管國際團隊之間的競爭模式是健康的，目前大多數太空計畫有賴各國之間的合作，而這樣的合作關係在阿波羅時代與冷戰時期是不可能的。俄羅斯、印度、中國、日本、加拿大、歐洲與美國的任務（儘管美國與中國的合作是有限度的），至少會共享科學儀器與發射設施，各國也在2007年全球探索策略與隔年的全球探索路線圖中，至少就未來幾年的一些優先次序達到共識。

日本以瞳衛星（Hitomi）結束了長達14年的月球探索中斷期，瞳衛星可以說是一次技術試驗，這個計畫並不完全成功，它雖然成功發射了人造衛星，不過因為技術問題，主要探測器最終刻意墜毀。

此後的幾年中，美國、歐洲、印度、日本與中國都曾進行月球探索。這段時間的成就包括高畫質影片（來自日本的輝夜姬號），在月球南極土壤發現水冰（在2009年美國月球坑觀測和傳感衛星墜落在卡比厄斯環形山時揚起的物質流中探測而知），了解月球岩石中的水分（印度的月船1號），以及中國的玉兔號月球車（以中國月神嫦娥的寵物命名）。儘管1960年代的動機，很大程度上是為了國家聲望，但機會主義科學家充分利用了太空計畫，才有了長足的發展。

分析從月球帶回的岩石，有助於拼湊出月球的歷史，也提供一種校準整個太陽系隕石坑年齡的方法。計算從地球發射雷射到月球表面反射鏡反射的時間，我們可以確定，月球正在慢慢遠離地球。放置在月球的地震儀多年來一直探測到地震。從軌道上，高解析度相機也發現了洞穴狀的構造，也許有一天會成為未來太空人的避難所。

在科學以外的地方，阿波羅計畫與它的太空人繼續激勵著科學家與工程師。這種巨大的挑戰讓成人與孩童感到著迷，至少在某些情況下，會激發年輕人追求自己的科學事業，並思考他們能如何為自己探索宇宙，無論這個宇宙是地球海洋深處、外太空、或是原子核的內部。

達成——
宇宙夢想成真以後

自從人類初次嘗試登月到最後成功登月，至今已經過了半個世紀。在阿波羅任務期間，只有十幾個人曾踏上月球表面，破壞了在月球表面靜止數百萬年的塵埃。登月可以說是全球人類集體記憶的一部分，尤其是第一次登月，在這些旅程中拍攝的照片，已成為20世紀最具代表性的圖像。我們終於能看到天空中那顆神祕球體的特寫圖像，這個球體除了對地球實際造成的物理影響以外，也對人類的想像力、信仰與情感有著非常強大的影響。近距離觀察月球，到底如何改變了我們對它的觀感、想法與描繪方式呢？

在第一次世界大戰剛結束的幾年裡，真正太空旅行的想法正在慢慢醞釀。由於運輸技術與航空業的進步，人類在未來似乎真的有可能深入太空並抵達宇宙中其他地方。火箭原本是納粹在第二次世界大戰期間開發的防禦武器，當美國成功讓德國工程師韋納．馮．布勞恩加入太空計畫團隊以後，這種武器卻很諷刺地幫助美國推進了征服太空的計畫。一般認為，電影導演史丹利．庫柏力克（Stanley Kubrick）1964年的黑色喜劇《奇愛博士：我如何學會停止恐懼並愛上炸彈》（*Dr. Strangelove or: How I learned to Stop Worrying and Love the Bomb*），就暗中批評了太空競賽的這個道德瑕疵層面。

到了20世紀中期，科幻小說已經從異想天開地透過不實際的飛行機器或超自然干預的方式去月球旅行，轉變為對實際可能發生之事進行更科學的敘述。在本世紀初，H．G．威爾斯引入了對火箭科學的關注。下一代的科幻小說作家將見證他們故事（與整個小說類型）的許多方面變成現實，或是變得極其無關緊要。亞瑟．克拉克（Arthur C. Clarke）於1968年與庫柏力克合作撰寫《2001太空漫遊》這部極其複雜且讓人深感不安的電影劇本，對太空探險真正的可能性與發展非常感興趣，在青少年時期就加入了當時甫成立的英國星際協會（British Interplanetary Society）。該協會推廣太空旅行與探索，也為這位年輕作家的故事提供了最新的素材。克拉克的作品被歸類為「硬科幻」，指它非常著重太空旅行的物理、化學與技術上的挑戰，尤其注意準確性。

當然，登月的故事早在尼爾．阿姆斯壯與巴茲．艾德林在1969年第一次在月球上揚起一些灰塵之前就已經開始，而且不僅僅涉及藝術與科學。我們確實該回顧月球競賽，並討論它在更廣泛人類哲學脈絡下的意義，不過從許多層面來說，它是一個有關政治野心、政治作秀、虛榮心與政治宣傳的故事，以冷戰和另一場全面毀面性戰爭爆發的持續性威脅為背景。在西歐與美國，1950年代與1960年代是一個叛逆、喧鬧且激勵人心的青年文化時代，當時的年輕人面臨的嚴重危機，在於他們的生活可能因為前幾代人創造的戰場而被迫縮減。至少對某些國家來說，那同時也是個出乎意料且前所未有的經濟成長期，造成一段充滿喜悅且基本上理直氣壯的消費主義時期。因此，太空競賽在一定程度上可以說是一種逃避現實，宇宙幻想正處流行高峰，像是《星際迷航》（*Star Trek*）之類的電視節目，與以基於事實的紀錄片一樣大受歡迎。然而，這相對仍是電視媒體的早期，那時只有少數人有彩色電視。在東歐與蘇聯的鐵幕之後，太空探索的消費主義色彩比較低，卻具有更高的政治色彩，也以更大膽的視覺風格受的利用。蘇聯的平面宣傳通常是聳動、豐富多采且理想化的，完全由政府精心策劃。

儘管全球都熱衷於登月競賽這種精心設計的壯觀場面，仍然不乏批評聲浪。無論過去或現在，都有人在質疑為何要花這麼多錢去做一件可能沒有什麼可測量的長期影響的事情？此外，還有更多的哲學與道德倫理問題。我們真的就得要用我們的存在來玷污未被觸碰過的月球？我們為什麼要這麼做？這些問題都沒有一個單一的解答，不過美蘇之間的政治角力與人類固有的野心，同樣都在此起了非常大的作用。我們可能只是因為我們辦得到，所以就把人送上月球。

蘇聯太空時代的藝術與宣傳材料與美國非常不同。美國人採用的方式較直接了當，經常以令人印象深刻的過程與技術細節來說明他們的進展。蘇聯的美學則更具象徵性，一般會迴避技術細節，採用塊狀且帶有後革命時期風格的設計，其中充滿飽和的色彩與幾何形狀，反映出太空時代機器的設計與宇宙天體輪廓。太空人臉上展現出力量、驕傲與青春，雙眼直視遠方的目標。蘇聯生產了大量的太空競賽紀念品與玩具，它們甚至比實際的火箭、太空艙與月球本身都來得豐富多彩。

在經歷第二次世界大戰的毀滅以後，藝術家們普遍意識到必須要徹底重新思考，到底什麼才是重要的。藝術要如何反映出世界的現狀？人們需要一種新的視覺語彙，而許多創造視覺語彙的人都認為，它應該是抽象的：過去的圖像學不再適用。結果，太空競賽時代恰好就遭遇了普普藝術及抽象極簡主義。更有趣的是，當艾德林與阿姆斯壯離開登月艙時，人類看到的基本上是令人敬畏的風景，他們想要捕捉這樣的形象，就如浪漫主義畫家看到阿爾卑斯山風暴或海上積雨雲的時候一樣。阿波羅14號太空人艾德加・米契爾（Edgar Mitchell）曾向搜集登月者個人故事的安德魯・史密斯（Andrew Smith）描述了他站在月球上的印象：「這種靜謐的狀態似乎表示，這個景觀耐心等待我們的到來，已有數百萬年的時間。」這讓人想起卡斯巴・大衛・弗里德里希畫作中看著廣闊風景的孤獨人物（如第37頁的作品）。在那一刻，米契爾代表人類思考著其最終成就：超越我們所知的世界，前往一個不同的世界，一個對我們來說仍然陌生、完全不友善的世界。

於是，月亮就在那裡，本著它單調的灰色與

出奇平滑的形狀。那裏並沒有科幻小說與電影中描述的奇峰怪石，也沒有奇異的植物、古怪的生物與想捍衛領土、好逞鬥勇的塞勒尼特人，反而恰恰相反：月球景觀是貧瘠荒涼的。巴茲・艾德林形容它是「壯麗的荒涼」。當然，從科學上來說，這非常有趣，不過從視覺上來講，我們確實受到欺瞞。幾千年來人類對在詩歌、繪畫、小說、電視節目與電影中對月球旅行的憧憬，得到的是灰色岩石與鐵鏽的回應。

對於這種失望的回應，有一部分來自取樂於太空旅行的形狀與幾何的抽象藝術家。宇宙提供的黑色背景，襯托出太空船簡潔的線條以及月球與行星的圓形輪廓。世紀初現代主義者與表現主義者所預期的許多東西，現在都被重新審視，有時甚至加以精煉。像是保羅・克利（Paul Klee）、羅伊・利希滕斯坦（Roy Lichtenstein）與芭芭拉・赫普沃斯（Barbara Hepworth）等藝術家創造出許多高雅且幾乎完全由幾何形狀構圖的作品，這些也許可以解釋成對太空競賽的視覺評論。流行音樂、搖滾音樂、時尚與設計也都作出回應，儘管是以一種更輕鬆有趣的方式，而大衛・鮑伊（David Bowie）更在1970年代早期與中期完美演繹出一個後現代、脫節且幾乎滑稽的太空人角色，用虛構的自己彌補第一次登月驚奇後所留下的情感空虛。鮑伊不只創造了流行文化中的一件諷刺作品，也正式宣告後阿波羅新時代的開始。

我們是否不再將月亮當成溫和、寧靜、浪漫的比喻？我們是否失去了天空中的那只銀盤、夜遊者、擬人化的圓盤、精神的計時器、閃動的眼睛、沉思的對象、以及愛、憂鬱與孤獨的象徵？有段時間似乎確實如此。1970年代初，人們對月球與後續太空任務的興趣逐漸降低，在藝術上，無論是抽象還是寫實的月亮圖像，在20世紀末期都相對少見。艾倫・賓（Alan Bean）的畫作是少數例外，他是曾經在阿波羅12號任務登月的太空人。在任務結束後10年多，賓成了全職畫家。他幾乎只畫月球和他曾參與的阿波羅任務，作品有著超逼真的細節，色彩看來好像是添加了特定濾鏡一樣。顯然，對賓來說，離開地球並在月球上行走的經驗非常強烈，讓他這輩子都會繼續分析著這個事件，將它視覺化。

相較之下，倫敦海沃德美術館（Hayward Gallery）在慶祝阿波羅登月30週年期間，舉辦了攝影紀念展，展出阿波羅任務期間拍攝的照片。賓努力尋找他眼中適合用於描繪月亮的顏色之際，這些照片看起來就像是黑白照片，直到觀看者的眼睛適應了這些顏色，開始在裡面看到一些細微的色彩元素。為了準確描繪出太空的黑色，展覽方定製了一種特殊的印刷油墨。在這樣的脈絡下，照片不只是文獻紀錄的來源，本身也是藝術作品。這些照片放在一起，讓人以視覺旅行的方式體驗這些意義非凡的事件，展覽也大受歡迎。

月亮仍然是藝術與文化的主要靈感來源，許多當代藝術家也把月亮當成他們的一個重要主題。例如，亞歷山德拉・米爾曾在假的登月場景中自拍，藉此引發人們對於月球探索史上男性主導地位的質疑，她的拼貼作品（參考第17頁）則結合了人們熟悉的太空探索圖像、女性面孔與宗教意象。凱蒂・帕特森探討了我們對月亮的迷戀，將之當成驚嘆與靈感的泉源，同時也是一種距離的象徵，她創造出沉浸式的多媒體展示，例如反射出人類歷史上每一次月食紀錄圖像的鏡球（參考第102至103頁），或是將貝多芬《月光奏鳴曲》的錄音以摩斯密碼傳送到月球，變成修改後支離破碎的版本回傳地球。費爾格斯・黑爾（Fergus Hare）在他的作品中，參考了前幾世紀風景畫家的作品。他風格憂沉的風景畫以對自然現象的仔細研究與觀察為基礎，有一系列月球圖像，看起來好比透過望遠鏡觀察。現在的藝術家各自以不同的方式，將人類對月球的渴望與最終登月方式等集體經歷融入他們的藝術作品中，著實令人著迷。

距離阿波羅任務已過了半個世紀之久，我們與登月競賽的興奮期可能已經有了足夠的距離，能夠開始將想像中的月球和我們短暫接觸過的月球融入腦海與集體記憶之中。我們現在也許可以辨認出登月事件對人類心理的長期影響，同時也正在意識到，無論近距離看月亮是多麼讓人興奮或失望，從遠處反看自己也許是更重要的。只有12個人曾經站在月球上，不過地球在月亮後方升起的景象卻永駐人心。

回歸——回到月球

1969年以後，以及作者還是孩子的1970年代，太空旅行回到月球，然後再到火星與更遠的地方，似乎是必然會發生的事。韋納·馮·布勞恩主張，美國國家航空暨太空總署應在1983年使用核推進系統執行火星任務，然而在登月的政治雄心已經實現，以及預算縮減的情況下，實踐此一目標的可能性並不高。1969年，美國太空科學委員會主張繼續使用現有科技進行月球探索，排定15項載人任務，不過卻強烈反對以犧牲其他計畫的方式在新系統上大規模支出。

自登月後將近50年間，探月計畫與月球科學計畫不時出現，既是火星旅行的跳板，也是月球旅行的踏腳石。有太空（或科幻小說）傾向的藝術家經常創造月球基地的圖像，裡面有在月球表面行駛的月球車，以及將開採物質運送回地球的情景。我們現在生活的時代，大型企業領袖受到這些願景所鼓舞，也有能夠投資的經費，因而投入太空飛行器的開發，太空計畫再也不像過去一樣為政府所壟斷。

毫無疑問，人類返回月球確實是個科學實例，支持者認為人類的靈活性與獨創性仍然遠超過機器人的能力。行星科學家與天文學家提出重返月球的許多好處。阿波羅任務與專門前往月球採樣的蘇聯太空船，造訪過的地點並不多，而月球面積幾乎相當於歐洲與非洲的總和。結果，從最年輕與最老地形採集的樣本之間存在著差距，而這個情形又反過來讓我們對地球與其他行星歷史的了解變得不那麼確定。人類的太空任務可以旅行到月球背面、南極與像是哥白尼環形山等較年輕的隕石坑，充實採集樣本。在阿波羅任務的基礎之上，行星科學家希望看到一套新儀器被安置在月球上，用來測量月球地震與磁場強度，利用這些數據更深入地了解月球內部。

有趣的是，研究（仍為假設的）外星生物的天文生物學家，同樣也將月球視為證據的來源。月球土壤可能含有來自早期太陽系的有機物質，這些記錄在地球上早就被破壞了。當他們返回月球時，未來的月球探險者可以看到之前從地球上未經消毒就抵達月球的登陸艇，記錄下隨著登陸艇偷渡到月球上的細菌與真菌有著什麼樣的命運。

此外，月球背面也會是設置電波望遠鏡的絕佳位置。電波望遠鏡是天文學家透過無線電訊號的偵測來研究物體的工具。在月球背面設置望遠鏡基地，有整個月球橫在望遠鏡與地球之間，將能完全屏蔽來自地面傳輸訊號，包括爆炸恆星殘留物與來自星系中心的巨大噴流等在內的宇宙無線電波源就不會受到干擾。月球電波望遠鏡甚至可以搜尋來自外星文明的微弱訊號。

截至1973年，阿波羅計畫已經花費了200億美元——這個數字在現在至少相當於1100億美元。一些大型太空計畫，如國際太空站，需要差不多的投資，世界各國政府不可能太頻繁地將如此龐大的資金投注在單一一項計畫中，這是可以理解的。有太空計畫的各國政府可能透過分攤成本並協調計畫的方式來減緩開銷，此外，私營部門的企業家也希望從登月活動中獲得直接的經濟利益，或者至少成為公共資助太空任務的優先供應商。

現有的私營部門計畫相當多元。有些將月球當成潛在的「稀土元素」礦場，這些礦物在工程、光學與能源等領域有著廣泛的應用方式。即使撇開設置設備與現場加工的高昂成本（將礦石送回地球將是個有損無益的起點），它們在月球岩石中的典型含量似乎不高，因此目前成不了什麼氣候。同樣的論點也適用於氦-3，它被認為是未來核融合爐的清潔燃料，不過顯然含量還不到能夠進行商業開採、帶來豐厚利潤的程度。

與此同時，群眾募資的機器人登月任務一號（Lunar Mission One），目標則是在月球表面鑽出一個很深的洞，將那裏當成「方舟」存放人類的DNA，藉此保存人類的紀錄。另一個完全不同的計畫是耗資3000萬美元的Google月球X大獎。這個競賽徵求私人團隊將太空船送上月球，成功軟著陸，並讓月球車或其他車輛在月球表面行駛500公尺。來自美國、印度、日本、以色列與跨國團隊協同之月（Synergy Moon）共5個團隊，一直到2018年初的最後期限之前，都在認真角逐。儘管不是所有人都能得獎，參與的工程師與科學家設計出輕巧且造價低的太空船，為未來的任務邁出寶貴的一步。

以科技界億萬富翁為首的大型企業則更具雄心。這些互為競爭對手的機構，獲得利潤豐厚的政府合同與早期事業成功的助益，正在推動新的車輛設計，這些公司的執行長將目光投向月球與更遙遠的地方，展開一場新的太空競賽。

由知名企業家伊隆・馬斯克（Elon Musk）領導的SpaceX公司，與美國國家航空暨太空總署簽訂合約，定期向國際太空站供貨，該公司預計在不久的將來，能將太空人帶到軌道前哨基地。該公司正致力於重複利用運載火箭的2或3級推進器，這是降低進入太空成本的一個方法。目前SpaceX公司的進展很順利：它在2015年成功回收了一個第1級助推器，而高酬載的獵鷹重型運載火箭在2018年進行了初次飛行，成功將馬斯克的特斯拉Roadster跑車（與一名穿上太空服的假人駕駛）送上星際空間。馬斯克現在計畫在不久的將來，用獵鷹重型運載火箭載著太空人繞月飛行。

亞馬遜公司執行長傑夫・貝佐斯（Jeff Bezos）長久以來一直對太空很感興趣，他創辦了相當有競爭力的藍色起源公司（Blue Origin），對國際太空站有著類似的興趣，也拿到美國國家航空暨太空總署的合約，同時也對可重複使用的發射器有著類似的野心。貝佐斯對征服月球有著更直接的興趣：他的提議是以「亞馬遜式運輸」將材料運上月球建造月球基地，這是他對太空殖民洪大願景（或誇張想像）的一部分。

歷史悠久的航太製造公司也不是完全棄之不顧。在阿波羅時代就為美國國家航空暨太空總署提供服務的波音公司，正按新合同替美國國家航空暨太空總署開發新的運輸太空船。洛克希德・馬丁公司與波音公司早在2006年就成立了聯合發射聯盟（United Launch Alliance），計畫在2019年向月球發射機械登陸載具。這是否可行仍然有待觀察，不過兩家公司甚至提出所謂的「地月經濟圈」，在太空設置製造廠、太陽能、月球採礦（儘管有前述困難），以及將組裝好的貨物送回地球。

圍繞著商業與私人太空探索的種種話題可能顯示，各國政府正在縮減他們投注的心力。儘管如此，雖然現在並不如1960年代那麼大張旗鼓，參與太空計畫的各國對月球都各有其宏大計畫。美國預計在2020年代以獵戶座號太空船將太空人送上月球，獵戶座號太空船於2015年首次成功試射，經過4個半小時無人飛行後在海中降落。歐洲、日本、俄羅斯與中國也都有計畫送人重返月球，目標是在2030年代能在月球表面看到太空人活動。這些國家的太空總署在過去20年間都曾經發射機器人探測器，中國更是發射了將近40年以來的第一艘軟著陸探測器（玉兔號月球車）。

早在17世紀，約翰・威爾金斯主教（Bishop John Wilkins）就已經提出了一個長期目標，要在月球建造永久性的定居點。在月球上生活，即使是短期生活，是一個非常迷人的想法，也一直是科幻小說的支柱。2016年，歐洲太空總署新任署長約翰・迪特里希・揚・沃納（Johann-Dietrich“Jan” Wörner）宣布了一項「月球村」計畫，該計畫部分採用3D印刷技術來建造，而且開放世界各地的合作夥伴參加（參考第199頁）。根據沃納的說法，這個基地不會是「結合各國太空能力」的地方，居民將從事科學研究，甚至可能從事採礦和旅遊業。

任何月球基地都需要來自地球的定期補給，不過也會有要讓基地自給自足的計畫。據估計，月球極地土壤中約有6萬億噸的水冰，這可以是非常重要的補給資源，能用作飲用水、分解成氫氣氧氣以製造火箭燃料、以及用於農業。美國國家航空暨太空總署幾十年來一直在測試水耕法（在水中種植植物）的實用性。2013年，荷蘭研究人員用月球土壤測試植物生長，獲得了一些成功。

無論是朝著永久月球基地的目標前去，還是另一系列轉瞬即逝的登月計畫，重返月球的計畫總是讓人抱持著某種程度的懷疑。由於阿波羅計畫，將太空人送到40萬公里外目標的想法，看起來是容易實現卻也過度宏大的想法。不過也許在人類在月球表面留下第一個腳印的50年後，世界各國已經做好再次將目標對準高空的準備，開啟人類進入更廣闊宇宙的旅程。

索引

圖片來源

akg-images 13, 36, 41, 53, 78, 120, 171, 179, 189; arkivi 114; Erich Lessing 180; Fototeca Gilardi 125, 134; Universal Images Group/Universal History Archive 92, 93.

Alamy Stock Photo AF Archive 131; Art Collection 3 69; Chronicle 176; DE ROCKER 30; Dennis Hallinan 84; dpa picture alliance archive 71; Encyclopaedia Britannica, Inc./NASA/Universal Images Group North America LLC 155; Everett Collection, Inc. 21, 130; Fine Art Images/Heritage Image Partnership Ltd. 94l, 110, 112; Florilegius 108; Granger 133; Granger Historical Picture Archive 56, 62, 74, 95br; H. Armstrong Roberts/ClassicStock 85, 200; Heritage Image Partnership Ltd. 35; INTERFOTO 122; ITAR-TASS News Agency 100; John Frost Newspapers 96; Keystone Pictures USA 106; Lebrecht Music and Arts Photo Library 91; Martin Bond 163; Mattia Dantonio 95acr; Myron Standret 95cl; NASA Image Collection 105; Paul Fearn 22; Photo Researchers/Science History Images 58, 61, 98, 151; Prisma Archivo 25; Ruslan Kudrin 95al; Ryhor Bruyeu 94br; Sergey Komarov-Kohl 95acl; 95cr; Stephan Stockinger 164; The Print Collector 94ar; World History Archive 37, 109, 177; Zoonar GmbH/Alexei Toiskin 95bl; Zoonar GmbH/V.Sagaydashin 95ar.

© Aleksandra Mir 16.

Courtesy Alexandra Loske 72, 82, 83.

Beinecke Library, Yale University 166, 174.

Bridgeman Images 127, 129; British Library, London, UK/© British Library Board. All Rights Reserved 29; Private Collection/© DACS 2018 117; Biblioteca Estense, Modena, Emilia-Romagna, Italy 190; Biblioteca Nazionale Centrale, Florence, Italy/De Agostini Picture Library 146; Bibliotheque de l' Institut de France, Paris, France/Archives Charmet 128; Bibliotheque Municipale, Boulogne-sur-Mer, France 32; Bildarchiv Steffens/Ralph Rainer Steffens 24; Birmingham Museums and Art Gallery 148; British Library, London, UK/© British Library Board. All Rights Reserved 42, 68, 118; Collegio del Cambio, Perugia, Italy 15; De Agostini Picture Library/A. De Gregorio 31; Detroit Institute of Arts, USA/Bequest of John S. Newberry 147; Drammens Museum, Norway/Photo © O. Vaering 137; Everett Collection 89; Fitzwilliam Museum, University of Cambridge, UK 52; Gamborg Collection 101; Granger 57, 154, 159; Leeds Museums and Galleries (Leeds Art Gallery) U.K. 138, 181; NASA/Science Astronomy/Universal History Archive/UIG 197; Photo © CCI 187; Pictures from History 27, 168; Private Collection 23, 121; Private Collection/© Look and Learn 67; Private Collection/© Look and Learn 116, 192, 201; Private Collection/© Look and Learn/Rosenberg Collection 191; Private Collection/Photo © Agnew' s, London 182; Private Collection/Photo © Christie' s Images/© 2018 The Andy Warhol Foundation for the Visual Arts, Inc./Licensed by DACS, London. 2018 124; Private Collection/Photo © Christie' s Images/© ADAGP, Paris and DACS, London 2018 165; Private Collection/Photo © GraphicaArtis 123; Pushkin Museum, Moscow, Russia/© ADAGP, Paris and DACS, London 2018 28; The Higgins Art Gallery & Museum, Bedford, UK 136; UCL Art Museum, University College London, UK 43.

British Library via Flickr 79, 170.

ESA/Foster + Partners 199.

Getty Images Manuel Litran/Paris Match via Getty Images 111; Bettmann 160; Buyenlarge 97; DEA PICTURE LIBRARY/De Agostini 135; DeAgostini 19; Field Museum Library 11; Florilegius/SSPL 169; James Hall Nasmyth/George Eastman House 157; Space Frontiers/Hulton Archive 65; Time Life Pictures/NASA/The LIFE Picture Collection 60.

© Katie Paterson 102.

© Leonid Tishkov 10.

© Luke Jerram 188.

Metropolitan Museum of Art Gift of Francis M. Weld 1948, 119; Gift of George A. Hearn, in memory of Arthur Hoppock Hearn 1911, 139; Gift of Paul J. Sachs 1917, 48; Rogers Fund 1928, 14.

Courtesy Miroslav Druckmüller 46b, 47.

NASA 9, 55, 77, 87, 88, 152, 158 ,184, 202, 203; Goddard/Arizona State University 143; JPL 64, 142, 194; JPL/USGS 8; NASA Goddard/Arizona State University 66; NOAA 196.

National Gallery of Art Washington Corcoran Collection (Gift of the American Academy of Arts and Letters) 38; Rosenwald Collection 18.

New York Public Library 149, 167, 46.

Public Domain 17.

REX Shutterstock Granger 113; Mattel/Solent News 20.

© Sally Russell 51.

Science Photo Library Max Alexander/Lord Egremont 173; Richard Bizley 192; Douglas Peebles 81

Royal Astronomical Society 145, 153; SPUTNIK 49.

Unsplash Michael Dam 183; Bryan Goff 45; Andrea Reiman 140.

Wellcome Collection 150, 38.

www.lacma.org Gift of Paul F. Walter (M.83.219.2) 33.

Yale Center for British Art Paul Mellon Collection 73.

謝詞

羅伯特・馬西（Robert Massey）

能有機會合著這本書，是我的榮幸，僅管它確實需要我家人與朋友的耐心，而且沒有諸位好友的支持，是不可能完成的。

感謝名單總是無法盡善盡美，不過我還是得大力感謝說服我參與這個寫作計畫的亞莉珊德拉・羅斯柯。我也要感謝Stan Prosser，在皇家天文學會的圖書館裡幫我取得許多材料。謝謝Jane Greaves、Katie Joy、Ian Crawford與Lucinda Offer，協助事實查證與校對的工作。感謝Sally Russell分享她的研究成果，也感謝Phil Diamond、John Zarnecki、Nigel Berman讓我在從事日常工作的同時也能追求寫作。我們也很感激編輯Rachel Silverlight與Zara Anvari，能提供我們寫作所需的誠實反饋。

我的妻子珍妮與女兒艾達也盡了最大的努力：首先，她們讓我在家庭假期期間花時間寫作，其次則是提醒我，無論老少，在第一次透過望遠鏡看到月亮時會有什麼反應。沒有她們的愛與支持，本書不可能完成，因此我將這本書獻給她們。

亞莉珊德拉・羅斯柯（Alexandra Loske）

在此感謝Clare Best、Eva Boursnell、Franky Bulmer、Patrick Conner、Steve Creffield、Jenny Gaschke、Fergus Hare、Colin Jones、Renate Klauck-Neils、Shan Lancaster、Flora Loske-Page、羅伯特・馬西、Klaus Wiehn、Chandra Wohleber與CDF等諸位允我的支持與啟發。

謹將本書獻給我的孫女Clara Rietz。

作譯者簡介

作者／羅伯特・馬西

天文學家、英國皇家天文學會（Royal Astronomical Society）副執行主任。

作者／亞莉珊德拉・羅斯柯

藝術史學者、編輯，以及英國皇家閣（The Royal Pavilion）和布萊頓博物館（Brighton Museum）館長。

譯者／林潔盈

臺灣大學動物學學士，英國倫敦大學學院博物館學碩士。現為專職譯者，譯作有《如果，你來佛羅倫斯：漫步在天堂美食與文藝復興之間》、《法式料理聖經》、《希利爾講藝術史》等。